+ 국가수준 +

학업
성취도
평가

문 제 집

고2 수학

차례

개념 총정리

개념 1 다항식의 덧셈과 뺄셈

(1) 다항식의 덧셈

괄호가 있으면 괄호를 먼저 푼 다음 **❶** 끼리 모아서 간단히 한다.

(2) 다항식의 뺄셈

두 다항식 A, B에 대하여 $A-B$는 A에 B의 각 항의 **❷** 를 바꾼 $-B$를 더하여 계산한다.

보기

$$(x^2+x+1)+(2x^2-x+3)$$
$$=x^2+x+1+2x^2-x+3$$
$$=(1+2)x^2+(1-1)x+(1+3)$$
$$=3x^2+4$$

답 | **❶** 동류항 **❷** 부호

개념 2 다항식의 전개

(1) 다항식의 곱셈

분배법칙과 지수법칙을 이용하여 **❶** 한 다음 동류항끼리 모아서 간단히 한다.

(2) 곱셈 공식

① $(a+b+c)^2=a^2+b^2+c^2+2ab+2bc+2ca$

② $(a+b)^3=a^3+$ **❷** $+3ab^2+b^3$, $(a-b)^3=a^3-3a^2b+3ab^2-b^3$

③ $(a+b)(a^2-ab+b^2)=a^3+b^3$,
   $(a-b)(a^2+ab+b^2)=a^3-b^3$

보기

$$(x+y+2z)^2$$
$$=x^2+y^2+(2z)^2+2xy+2y(2z)+2(2z)x$$
$$=x^2+y^2+4z^2+2xy+4yz+4zx$$

답 | **❶** 전개 **❷** $3a^2b$

개념 3 다항식의 나눗셈

(1) 다항식의 나눗셈

다항식을 다항식으로 나눌 때는 두 다항식을 **❶** 차순으로 정리한 다음 자연수의 나눗셈과 같은 방법으로 계산한다.

(2) 다항식의 나눗셈에 대한 등식

다항식 A를 다항식 $B(B\neq0)$로 나누었을 때의 몫을 Q, 나머지를 **❷** 라 하면

$$A=BQ+R(단, (R의 차수)<(B의 차수))$$

특히 $R=0$일 때, A는 B로 나누어떨어진다고 한다.

보기

$$\begin{array}{r}x+2\\2x+1\overline{)2x^2+5x+6}\\\underline{2x^2+x}\\4x+6\\\underline{4x+2}\\4\end{array}$$

➡ 몫 : $x+2$, 나머지 : 4

답 | **❶** 내림 **❷** R

개념 확인

확인 1-1

다항식 $(x^3-3x+2)+(-3x^3+2x^2-x)$를 계산하면?

① $-2x^3+2x^2-4x+2$

② $-2x^3-2x^2-4x+2$

③ $-2x^3+2x^2-4x-2$

풀이 | $(x^3-3x+2)+(-3x^3+2x^2-x)$
$=x^3-3x+2-3x^3+2x^2-x$
$=(1-3)x^3+2x^2+(-3-1)x+\boxed{❶}$
$=-2x^3+2x^2-\boxed{❷}x+2$

❶ 2 ❷ 4 / 답 ①

1-2 두 다항식 A, B가

$$A=x^3-3x^2+1, \ B=2x^3+x^2-x+4$$

일 때, 다음 □ 안에 알맞은 수를 써넣으시오.

(1) $A+B=3x^3-\boxed{}x^2-x+5$

(2) $A-B=-x^3-4x^2+x-\boxed{}$

확인 2-1

다음은 $(x+1)(x^2-2x-3)$을 전개한 것이다. 상수 a의 값을 구하시오.

$$(x+1)(x^2-2x-3)=x^3-x^2-ax-3$$

풀이 | $(x+1)(x^2-2x-3)$
$=x(x^2-2x-3)+(x^2-2x-3)$
$=x^3-2x^2-\boxed{❶}x+x^2-2x-3$
$=x^3-x^2-5x-\boxed{❷}$
$\therefore a=5$

❶ 3 ❷ 3 / 답 5

2-2 곱셈 공식을 이용하여 $(3x-2)^3$을 전개하면?

① $27x^3-54x^2+36x-8$

② $27x^3+54x^2-36x+8$

③ $27x^3-54x^2-36x+8$

확인 3-1

나눗셈 $(2x^3-7x^2+2x+1)\div(x^2-2x)$의 몫과 나머지를 구하면?

① 몫 : $2x-3$, 나머지 : $-4x-1$

② 몫 : $2x+3$, 나머지 : $-4x+1$

③ 몫 : $2x-3$, 나머지 : $-4x+1$

풀이 |

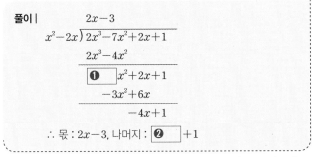

$\therefore$ 몫 : $2x-3$, 나머지 : $\boxed{❷}+1$

❶ -3 ❷ $-4x$ / 답 ③

3-2 다음 □ 안에 알맞은 수를 써넣으시오.

다항식 A를 x^2-x+2로 나누었을 때의 몫이 $x-1$이고 나머지가 $-x+3$일 때, 다항식 A는
$x^3-2x^2+\boxed{}x+1$이다.

개념 4 조립제법

다항식 $2x^3+3x^2+4x-2$를 일차식 $x-1$로 나누면 다음과 같다.

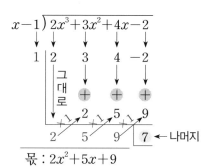

몫 : $2x^2+5x+9$

다항식을 일차식으로 나눌 때, 이와 같이 **❶** 만 이용하여 몫과 나머지를 구하는 방법을 **❷** 이라 한다.

답 | ❶ 계수 ❷ 조립제법

조립제법을 이용하여 $(2x^3-5x^2+6) \div (x-2)$의 몫과 나머지를 구하면

➡

$$2 \underline{|\quad 2 \quad -5 \quad\quad 0 \quad\quad 6}$$
$$\quad\quad\quad\quad\quad 4 \quad -2 \quad -4$$
$$\quad\quad 2 \quad -1 \quad -2 \;|\; 2$$

∴ 몫 : $2x^2-x-2$, 나머지 : 2

개념 5 나머지정리와 인수정리

(1) 다항식 $P(x)$에 대하여

① $P(x)$를 일차식 $x-\alpha$로 나누었을 때의 나머지를 R라 하면

$R=P(\alpha)$

② $P(x)$를 일차식 **❶** 로 나누었을 때의 나머지를 R라 하면

$R=P\left(-\dfrac{b}{a}\right)$

(2) 인수정리

① $P(\alpha)=0$이면 $P(x)$는 일차식 $x-\alpha$로 나누어떨어진다.

② $P(x)$가 일차식 $x-\alpha$로 나누어떨어지면 $P(\alpha)=$ **❷** 이다.

답 | ❶ $ax+b$ ❷ 0

보기

다항식 $P(x)=4x^3-2x^2-x+1$에 대하여

➡ $x-1$로 나누었을 때의 나머지는

$P(1)=4-2-1+1=2$

$2x-1$로 나누었을 때의 나머지는

$P\left(\dfrac{1}{2}\right)=\dfrac{1}{2}-\dfrac{1}{2}-\dfrac{1}{2}+1=\dfrac{1}{2}$

개념 6 인수분해 공식

(1) 인수분해 공식❶

① $a^2+2ab+b^2=(a+b)^2$, $a^2-2ab+b^2=(a\boxed{❶}b)^2$

② $a^2-b^2=(a+b)(a-b)$

③ $x^2+(a+b)x+ab=(x+a)(x+b)$

④ $acx^2+(ad+bc)x+\boxed{❷}=(ax+b)(cx+d)$

(2) 인수분해 공식❷

① $a^2+b^2+c^2+2ab+2bc+2ca=(a+b+c)^2$

② $a^3+3a^2b+3ab^2+b^3=(a+b)^3$, $a^3-3a^2b+3ab^2-b^3=(a-b)^3$

③ $a^3+b^3=(a+b)(a^2-ab+b^2)$, $a^3-b^3=(a-b)(a^2+ab+b^2)$

답 | ❶ $-$ ❷ bd

보기

$a^3+64b^3=a^3+(4b)^3$
$\quad\quad\quad\quad =(a+4b)(a^2-4ab+16b^2)$
$a^3-8=a^3-2^3$
$\quad\quad =(a-2)(a^2+2a+4)$

개념 확인

확인 4-1

다음 ( ) 안에 주어진 것 중 옳은 것을 고르시오.

조립제법을 이용하여

$$(x^3-3x^2+2)\div(x-1)$$

의 몫과 나머지를 구하면 몫은

(x^2+2x-2 , x^2-2x-2), 나머지는 (0 , 1)이다.

풀이|

$$
\begin{array}{r|rrrr}
1 & 1 & -3 & 0 & 2 \\
  &   & 1 & -2 & -2 \\
\hline
  & 1 & -2 & -2 & 0 \\
\end{array}
$$

∴ 몫 : x^2-2x- ❶ , 나머지 : ❷

❶ 2 ❷ 0 / 답 $x^2-2x-2, 0$

4-2

조립제법을 이용하여 $(2x^3+3x^2-x+1)\div(x-2)$ 의 몫과 나머지를 차례로 구한 것은?

① 몫 : $2x^2-7x+13$, 나머지 : 26

② 몫 : $2x^2+7x+13$, 나머지 : 27

③ 몫 : $2x^2+7x+13$, 나머지 : 28

확인 5-1

다항식 $P(x)=2x^2+4x-5$를 $x-1$로 나누었을 때의 나머지를 구하면?

① 0   ② 1   ③ 2

풀이| $P(x)$를 $x-1$로 나누었을 때의 몫을 $Q(x)$, 나머지를 ❶ 라 하면

$$P(x)=(x-1)Q(x)+R$$

이 등식은 x에 대한 항등식이므로 양변에 $x=$ ❷ 을 대입하면

$$P(1)=0\times Q(1)+R=R$$

따라서 구하는 나머지 R는

$$R=P(1)=2+4-5=1$$

❶ R ❷ 1 / 답 ②

5-2

다음 일차식 중에서 다항식 $P(x)=x^3-3x^2+4$의 인수인 것을 모두 찾으시오.

┌ 보기 ┐
$$x-1, \qquad x+1, \qquad x-2$$

확인 6-1

다음 식을 인수분해하시오.

(1) x^2-7x+6 (2) x^2-16y^2

풀이| (1) $x^2-7x+6=(x-$ ❶ $)(x-6)$

(2) $x^2-16y^2=x^2-($ ❷ $)^2=(x+4y)(x-4y)$

❶ 1 ❷ $4y$ / 답 (1) $(x-1)(x-6)$ (2) $(x+4y)(x-4y)$

6-2

다항식 $8x^3-27y^3$을 인수분해하면?

① $(2x+3y)(4x^2-6xy+9y^2)$

② $(2x-3y)(4x^2-6xy+9y^2)$

③ $(2x-3y)(4x^2+6xy+9y^2)$

체크 1-1

두 다항식 A, B가
$$A=x^2+3x-1, \quad B=3x^2-2x+7$$
일 때, $(3A+B)+(A-2B)$를 계산하시오.

도움말

$(3A+B)+(A-2B)=4A-B$

1-2

세 다항식 A, B, C에 대하여 $A+B=3a^2-ab-b^2$, $B+C=2a^2+3ab+2b^2$, $C+A=a^2-6ab+3b^2$일 때, $A+B+C$를 계산하면?

① $3a^2+4ab+b^2$ ② $-a^2-5ab+2b^2$

③ $a^2+3ab+4b^2$ ④ $3a^2-2ab+2b^2$

⑤ $5a^2+ab+4b^2$

체크 2-1

다항식 $(a+1)(a^2-a+1)-(a-1)(a^2+a+1)$을 간단히 하면?

① -2　　　② 0　　　③ 2

④ $-2a^3$　　⑤ $2a^3$

도움말

$(a+1)(a^2-a+1)=a^3+1^3$

$(a-1)(a^2+a+1)=a^3-1^3$

2-2

다음 중 다항식을 전개한 것으로 옳지 <u>않은</u> 것은?

① $(2x-3)^3=8x^3-36x^2+54x-27$

② $(x+2)(x^2-2x+4)=x^3+8$

③ $(a-b+2)^2=a^2+b^2-2ab+4a-4b+4$

④ $(a^2+a+1)(a^2-a+1)=a^4-a^2+1$

⑤ $(x-2)(x+2)(x+5)=x^3+5x^2-4x-20$

체크 3-1

나눗셈 $(2x^3-3x^2+5x-7) \div (2x-1)$의 몫을 $Q(x)$라 할 때, $Q(1)$의 값을 구하시오.

도움말

$(2x^3-3x^2+5x-7) \div (2x-1)$을 계산하면 몫은 x^2-x+2, 나머지는 -5이다.

3-2

다항식 $x^4-2x^3+x^2-x+1$을 x^2-x-1로 나누었을 때의 몫이 x^2+ax+1, 나머지가 $-x+b$일 때, 상수 a, b에 대하여 $a+b$의 값은?

① 1　　　　② 2　　　　③ 3

④ 4　　　　⑤ 5

체크 4-1

다항식 $3x^2-4x+1$을 일차식 $3x-1$로 나누었을 때의 몫 $Q(x)$와 나머지 R를 조립제법을 이용하여 구하는 과정이다. 이때 $Q(0)+R$의 값을 구하시오.

$$\begin{array}{r|rrr} \frac{1}{3} & 3 & -4 & 1 \\ & & 1 & -1 \\ \hline & 3 & -3 & \boxed{0} \end{array}$$

도움말

$3x^2-4x+1=\left(x-\dfrac{1}{3}\right)(3x-3)$

4-2

다음은 다항식 $3x^3-11x^2-7x+10$을 $x-4$로 나누었을 때의 몫과 나머지를 조립제법을 이용하여 구하는 과정이다. 이때 상수 a, b, c에 대하여 $a-b+c$의 값을 구하시오.

$$\begin{array}{r|rrrr} 4 & 3 & a & -7 & 10 \\ & & 12 & 4 & b \\ \hline & 3 & 1 & -3 & \boxed{-2} \end{array}$$

∴ 몫 : $3x^2+x+c$, 나머지 : -2

체크 5-1

다항식 $f(x)=4x^2+ax-3$이 $2x+1$로 나누어떨어질 때, 상수 a의 값을 구하시오.

도움말

$f(x)$가 $2x+1$로 나누어떨어지면 인수정리에 의하여

$f\left(-\dfrac{1}{2}\right)=0$

5-2

다항식 $f(x)=x^3+ax^2-9x+9$가 $x+3$으로 나누어떨어질 때, 상수 a의 값은?

① -2 ② -1 ③ 0

④ 1 ⑤ 2

체크 6-1

다음 식을 인수분해하시오.

(1) $(2x-1)^2-(x+1)^2$

(2) $(x-1)(x+1)+(x+2)(x-3)-8$

도움말

(1) $2x-1=X$, $x+1=Y$로 놓는다.

(2) $(x-1)(x+1)=x^2-1$

6-2

다음 중 인수분해한 것이 옳지 <u>않은</u> 것은?

① $x^3-1=(x-1)(x^2+x+1)$

② $x^3-6x^2+12x-8=(x-2)^3$

③ $27x^3+y^3=(3x+y)(3x^2-6xy+y^2)$

④ $x^4-1=(x+1)(x-1)(x^2+1)$

⑤ $x^2+y^2+z^2-2xy-2yz+2zx=(x-y+z)^2$

개념 1 복소수

(1) **허수단위 i**

제곱하면 -1이 되는 새로운 수를 기호 i로 나타내고 이러한 수 i를 허수단위라 한다.

(2) **복소수**

임의의 두 실수 a, b에 대하여 $a+bi$ 꼴로 나타내어지는 수를 복소수라 한다. 이때 a를 이 복소수의 실수부분, b를 ❶[ ]부분이라 한다.

(3) **복소수가 서로 같을 조건**

두 복소수 $a+bi$, $c+di$ (a, b, c, d는 실수)에 대하여

① $a+bi=c+di$이면 $a=c$, $b=d$ ┐ 실수부분은 실수부분끼리,
② $a+bi=0$이면 $a=$❷[ ], $b=0$ ┘ 허수부분은 허수부분끼리 같다.

보기

복소수 $7-i$의 실수부분을 a, 허수부분을 b라 하면

➡ $a=7$, $b=-1$

답 | ❶ 허수 ❷ 0

개념 2 복소수의 사칙연산

a, b, c, d가 실수일 때

(1) **덧셈** : $(a+bi)+(c+di)=(a+c)+(b+d)i$

(2) **뺄셈** : $(a+bi)-(c+di)=(a-c)+($❶[ ]$)i$

(3) **곱셈** : $(a+bi)(c+di)=(ac-$❷[ ]$)+(ad+bc)i$

(4) **나눗셈** : $\dfrac{a+bi}{c+di}=\dfrac{ac+bd}{c^2+d^2}+\dfrac{bc-ad}{c^2+d^2}$ (단, $c+di\neq 0$)

보기

$(1+i)+(2+i)=(1+2)+(1+1)i$
$\qquad\qquad\qquad =3+2i$
$(1+i)(3+2i)=3+2i+3i+2i^2$
$\qquad\qquad\qquad =1+5i$

답 | ❶ $b-d$ ❷ bd

개념 3 이차방정식

(1) **근의 공식을 이용한 이차방정식의 풀이**

계수가 ❶[ ]인 이차방정식 $ax^2+bx+c=0$의 근은

$$x=\frac{-b\pm\sqrt{b^2-4ac}}{2a}$$

(2) **이차방정식의 근과 계수와의 관계**

이차방정식 $ax^2+bx+c=0$의 두 근을 α, β라 하면

① 두 근의 합 : $\alpha+\beta=-\dfrac{b}{a}$

② 두 근의 곱 : $\alpha\beta=\dfrac{❷[\ ]}{a}$

보기

이차방정식 $x^2-4x+6=0$의 두 근을 α, β라 할 때

➡ $\alpha+\beta=-\dfrac{-4}{1}=4$

$\alpha\beta=\dfrac{6}{1}=6$

답 | ❶ 실수 ❷ c

개념 확인

확인 1-1

등식 $x-(y-3)i=(4-x)+3i$를 만족시키는 실수 x, y에 대하여 $x+y$의 값은?

① 2　　　　　② 3　　　　　③ 4

풀이 | x, y가 실수이므로 $4-x$, $-(y-3)$도 실수이다.
이때 $x=4-x$, $-(y-3)=$❶□이므로
$x=$❷□, $y=0$
∴ $x+y=2$

❶ 3　❷ 2 / 답 ①

1-2 다음 복소수를 분류하시오.

┌ 보기 ─────────────────────┐
2,　i^2,　0,　$1-i$,　$\sqrt{2}i$,　$\sqrt{-1}$
└────────────────────────┘

(1) 실수　　　　　　(2) 순허수

(3) 순허수가 아닌 허수

확인 2-1

다음 □ 안에 알맞은 수를 써넣으시오.

(1) $(1+4i)+(2-i)=3+$□i

(2) $(2-3i)-(5+4i)=$□$-7i$

(3) $(3-i)(3+i)=$□

풀이 | (1) $(1+4i)+(2-i)=(1+2)+(4-1)i=$❶□$+3i$
(2) $(2-3i)-(5+4i)=(2-5)+(-3-4)i$
　　　　　　　　　$=-3-$❷□i
(3) $(3-i)(3+i)=3^2-i^2=9-(-1)=10$

❶ 3　❷ 7 / 답 (1) 3　(2) −3　(3) 10

2-2 $\dfrac{1+4i}{2-i}$ 를 계산하여 $a+bi$ 꼴로 나타낼 때, $a+b$의 값은? (단, a, b는 실수)

① $\dfrac{7}{5}$　　　　② $\dfrac{8}{5}$　　　　③ $\dfrac{9}{5}$

확인 3-1

근의 공식을 이용하여 이차방정식 $4x^2+x+1=0$의 근이 실근인지 허근인지 말하시오.

풀이 | 근의 공식에서 $a=4$, $b=1$, $c=$❶□이므로
$x=\dfrac{-1\pm\sqrt{1^2-4\times4\times1}}{2\times4}$
$=\dfrac{-1\pm\sqrt{-15}}{8}=\dfrac{-1\pm\sqrt{15}i}{8}$　❷□
따라서 주어진 이차방정식의 근은 허근이다.

❶ 1　❷ 8 / 답 허근

3-2 이차방정식 $2x^2-2x+5=0$의 두 근을 α, β라 할 때, 다음 식의 값을 보기에서 고르시오.

┌ 보기 ─────────────────────┐
ㄱ $\dfrac{2}{5}$　　　　ㄴ 1　　　　ㄷ $\dfrac{5}{2}$
└────────────────────────┘

(1) $\alpha+\beta$　　　　　　(2) $\alpha\beta$

(3) $\dfrac{1}{\alpha}+\dfrac{1}{\beta}$

개념 4) 이차함수의 그래프와 직선의 위치 관계

이차함수 $y=ax^2+bx+c$의 그래프와 직선 $y=mx+n$의 위치 관계는
이차방정식 $ax^2+(b-m)x+c-n=0$의 판별식 $\boxed{❶}$ 의 부호에 따라
다음과 같다.

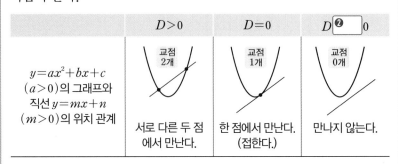

	$D>0$	$D=0$	$D\boxed{❷}0$
$y=ax^2+bx+c$ $(a>0)$의 그래프와 직선 $y=mx+n$ $(m>0)$의 위치 관계	교점 2개 서로 다른 두 점에서 만난다.	교점 1개 한 점에서 만난다. (접한다.)	교점 0개 만나지 않는다.

보기

이차함수 $y=x^2+2x-3$의 그래프와 직선
$y=5x-1$의 위치 관계는
➡ $x^2+2x-3=5x-1$, 즉 $x^2-3x-2=0$
$x^2-3x-2=0$의 판별식을 D라 하면
$D=(-3)^2-4\times1\times(-2)=17>0$
이므로 서로 다른 두 점에서 만난다.

답 | ❶ D ❷ $<$

개념 5) 삼, 사차방정식의 풀이

(1) 인수분해 공식을 이용한 풀이

$ABC=0 \Rightarrow \boxed{❶}=0$ 또는 $B=0$ 또는 $C=0$

(2) 인수정리를 이용한 풀이

방정식 $P(x)=0$에서 다항식 $P(x)$에 대하여 $P(\alpha)=0$이면
$P(x)=(x-\boxed{❷})Q(x)$ 꼴로 인수분해한다.

보기

방정식 $x^3+8=0$을 풀면
➡ $(x+2)(x^2-2x+4)=0$
$x+2=0$ 또는 $x^2-2x+4=0$
따라서 주어진 방정식의 근은
$x=-2$ 또는 $x=1\pm\sqrt{3}i$

답 | ❶ A ❷ α

개념 6) 이차부등식

이차방정식 $ax^2+bx+c=0(a>0)$의 판별식을 $D=b^2-4ac$라 하면
이차부등식의 해와 이차함수의 그래프 사이에는 다음과 같은 관계가 성
립한다.

	$D>0$	$D=\boxed{❶}$	$D<0$
$y=ax^2+bx+c$ 의 그래프	$\alpha \quad \beta$	α	
$ax^2+bx+c>0$	$x<\alpha$ 또는 $x>\beta$	$x\neq\alpha$인 모든 실수	$\boxed{❷}$
$ax^2+bx+c\geq0$	$x\leq\alpha$ 또는 $x\geq\beta$	모든 실수	모든 실수
$ax^2+bx+c<0$	$\alpha<x<\beta$	해는 없다.	해는 없다.
$ax^2+bx+c\leq0$	$\alpha\leq x\leq\beta$	$x=\alpha$	해는 없다.

보기

이차부등식 $x^2-4x+4<0$의 해는
➡ $y=x^2-4x+4$라 하면 이차방정식
$x^2-4x+4=0$의 판별식 D는
$\dfrac{D}{4}=(-2)^2-4=0$
이므로 해는 없다.

답 | ❶ 0 ❷ 모든 실수

개념 확인

확인 4-1

다음 ( ) 안에 주어진 것 중 옳은 것을 고르시오.

이차함수 $y=x^2-2x+1$의 그래프와 직선 $y=x+1$
은 (서로 다른 두 점 , 한 점)에서 만난다.

> **풀이** | $x^2-2x+1=x+1$, 즉 x^2- ❶ $x=0$
> 이 이차방정식의 판별식을 D라 하면
> $D=(-3)^2-4\times1\times0=9>$ ❷
> 이므로 이차함수의 그래프와 직선은 서로 다른 두 점에서 만난다.

❶ 3 　❷ 0 / **답** 서로 다른 두 점

4-2 이차함수 $y=-x^2+x+3$의 그래프와 직선 $y=-x+4$의 위치 관계는?

① 서로 다른 두 점에서 만난다.

② 한 점에서 만난다.

③ 만나지 않는다.

확인 5-1

다음 보기 중 방정식 $x^4+x^3-7x^2-x+6=0$의 해가 <u>아닌</u> 것을 모두 고르시오.

> ┌ 보기 ┐
> $x=-2$,　　$x=0$,　　$x=1$,　　$x=2$

> **풀이** | $P(x)=x^4+x^3-7x^2-x+6$으로 놓으면
> $P(-1)=0, P(1)=0$
>
> | -1 | 1 | 1 | -7 | -1 | 6 |
> |---|---|---|---|---|---|
> | | | -1 | 0 | 7 | -6 |
> | ❶ | 1 | 0 | -7 | 6 | 0 |
> | | | 1 | 1 | -6 | |
> | | 1 | 1 | -6 | 0 | |
>
> $P(x)=(x+1)(x-1)(x^2+x-6)$
> 　　$=(x+1)(x-1)(x+3)(x-2)$
> 따라서 주어진 방정식의 근은
> $x=$ ❷ 　또는 $x=-1$ 또는 $x=1$ 또는 $x=2$

❶ 1 　❷ -3 / **답** $x=-2, x=0$

5-2 다음 □ 안에 알맞은 수를 써넣으시오.

연립방정식 $\begin{cases} x+y=2 \\ x^2-xy-y^2=-1 \end{cases}$

의 해는 $\begin{cases} x=\boxed{} \\ y=5 \end{cases}$ 또는 $\begin{cases} x=1 \\ y=\boxed{} \end{cases}$

확인 6-1

다음 □ 안에 알맞은 수를 써넣으시오.

이차함수의 그래프를 이용하여 이차부등식

$x^2-4>0$의 해를 구하면 $x<\boxed{}$ 또는 $x>\boxed{}$

> **풀이** | $y=x^2-4$라 하면 $y=x^2-4=(x+2)(x-2)$이므로
> 이차함수의 그래프는 x축
> 과 두 점 $(-2, 0)$,
> (❶ , 0)에서 만난
> 다. 이때 주어진 부등식
> 의 해는 그래프에서
> $y>$ ❷ 인 x의 값의
> 범위이므로 $x<-2$ 또는 $x>2$

❶ 2 　❷ 0 / **답** $-2, 2$

6-2 이차함수의 그래프를 이용하여 이차부등식 $x^2+2x-8>0$의 해를 구하면?

① $-4<x<2$

② $x<-4$ 또는 $x>2$

③ $x<-2$ 또는 $x>4$

체크 1-1

등식 $(2-i)(x+yi)=7-6i$를 만족시키는 실수 x, y의 값을 구하시오.

도움말

$$(2-i)(x+yi)=2x+2yi-xi-yi^2$$
$$=2x+y+(-x+2y)i$$

1-2

등식 $\dfrac{x}{1-i}+\dfrac{y}{1+i}=4+5i$를 만족시키는 실수 x, y에 대하여 x^2-y^2의 값은?

① 65   ② 72   ③ 80

④ 84   ⑤ 91

체크 2-1

다음 중 복소수의 계산이 옳지 <u>않은</u> 것은?

① $(3+2i)+(4-3i)=7-i$

② $(3+2i)-(4-3i)=-1+5i$

③ $(3+2i)(4-3i)=6-i$

④ $(3+2i)^2=5+12i$

⑤ $\dfrac{1+3i}{1-i}=-1+2i$

도움말

$$(3+2i)(4-3i)=12-9i+8i-6i^2=18-i$$

2-2

$\alpha=1+i$, $\beta=1-i$일 때, $\dfrac{1}{\alpha}+\dfrac{1}{\beta}$의 값은?

① $-1+2i$ ② $1-2i$ ③ $1-i$

④ 1 ⑤ 2

체크 3-1

이차방정식 $3x^2+6x-2=0$의 두 근을 α, β라 할 때, $\alpha^2+\beta^2$의 값을 구하시오.

도움말

$$\alpha+\beta=-\frac{6}{3}=-2,\ \alpha\beta=-\frac{2}{3}$$

3-2

이차방정식 $x^2-2x-1=0$의 두 근을 α, β라 할 때, $(\alpha+1)(\beta+1)$의 값은?

① 1 ② 2 ③ 3

④ 4 ⑤ 5

체크 4-1

이차함수 $y=x^2-x+k$의 그래프와 직선 $y=4x-2$가 서로 다른 두 점에서 만날 때, 실수 k의 값의 범위를 구하시오.

도움말

이차방정식 $x^2-5x+k+2=0$의 판별식을 D라 하면
$D=(-5)^2-4(k+2)>0$

4-2

이차함수 $y=x^2-x+3$의 그래프와 직선 $y=x+2k$가 만나지 않을 때, 실수 k의 값의 범위는?

① $k<1$ ② $k<2$ ③ $k<3$

④ $k>1$ ⑤ $k>2$

체크 5-1

방정식 $(x^2+1)^2-(x^2+1)=2$를 푸시오.

도움말

$x^2+1=X$로 놓으면 $X^2-X=2$

5-2

연립방정식 $\begin{cases} x+2y=1 \\ (x+y)(2x-y)=0 \end{cases}$의 해를 $x=\alpha, y=\beta$라 할 때, 모든 $\alpha\beta$의 값의 합은?

① -1 ② $-\dfrac{23}{25}$ ③ $-\dfrac{21}{25}$

④ $-\dfrac{19}{25}$ ⑤ $-\dfrac{17}{25}$

체크 6-1

이차부등식 $x^2-2x-24<0$의 해가 $a<x<b$일 때, a, b의 값을 구하시오.

도움말

$x^2-2x-24=(x+4)(x-6)<0$

6-2

모든 실수 x에서 이차부등식 $x^2+2x+k>0$이 항상 성립하도록 하는 실수 k의 값의 범위를 구하시오.

3강 개념 총정리

개념 1 두 점 사이의 거리

(1) 좌표평면 위의 두 점 $A(x_1, y_1)$, $B(x_2, y_2)$ 사이의 거리 $\overline{AB}$는

$$\overline{AB} = \sqrt{(\boxed{①})^2 + (y_2 - y_1)^2}$$

(2) 좌표평면 위의 원점 $O(0, 0)$과 점 $A(x_1, y_1)$ 사이의 거리 $\overline{OA}$는

$$\overline{OA} = \sqrt{x_1{}^2 + \boxed{②}^2}$$

보기

두 점 $A(0, 1)$, $B(1, 0)$ 사이의 거리는

➡ $\overline{AB} = \sqrt{(1-0)^2 + (0-1)^2} = \sqrt{2}$

답 | ① $x_2 - x_1$ ② y_1

개념 2 선분의 내분점과 외분점

좌표평면 위의 두 점 $A(x_1, y_1)$, $B(x_2, y_2)$에 대하여

(1) 선분 AB를 $m : n$ $(m>0, n>0)$으로

① 내분하는 점 P의 좌표는 $\left(\dfrac{mx_2 + \boxed{①}}{m+n}, \dfrac{my_2 + ny_1}{m+n} \right)$

② 외분하는 점 Q의 좌표는 $\left(\dfrac{mx_2 - nx_1}{m-n}, \dfrac{my_2 - ny_1}{m-n} \right)$ (단, $m \neq n$)

(2) 선분 AB의 중점 M의 좌표는 $\left(\dfrac{x_1 + x_2}{2}, \dfrac{\boxed{②}}{2} \right)$

보기

두 점 $A(1, -3)$, $B(4, 3)$에 대하여 선분 AB를
$2 : 1$로 내분하는 점 $P(x, y)$는

➡ $x = \dfrac{2 \times 4 + 1 \times 1}{2+1} = 3$

$y = \dfrac{2 \times 3 + 1 \times (-3)}{2+1} = 1$

∴ $P(3, 1)$

답 | ① nx_1 ② $y_1 + y_2$

개념 3 직선의 방정식

(1) **기울기와 y절편이 주어진 직선의 방정식**

기울기가 m, y절편이 n인 직선의 방정식은 $y = \boxed{①} x + n$

(2) **한 점과 기울기가 주어진 직선의 방정식**

좌표평면 위의 점 $A(x_1, y_1)$을 지나고 기울기가 m인 직선의 방정식은

$$y - y_1 = m(x - x_1)$$

(3) **두 점을 지나는 직선의 방정식**

좌표평면 위의 두 점 $A(x_1, y_1)$, $B(x_2, y_2)$를 지나는 직선의 방정식은

① $x_1 \neq x_2$일 때, $y - y_1 = \dfrac{y_2 - y_1}{x_2 - x_1}(x - x_1)$

② $x_1 = x_2$일 때, $x = x_1$

(4) **x절편과 y절편이 주어진 직선의 방정식**

x절편이 a, y절편이 b인 직선의 방정식은 $\dfrac{x}{a} + \dfrac{y}{b} = \boxed{②}$

(단, $a \neq 0, b \neq 0$)

보기

점 (a, b)를 지나고
x축에 평행한 (y축에 수직인) 직선의 방정식은
➡ $y = b$
y축에 평행한 (x축에 수직인) 직선의 방정식은
➡ $x = a$

답 | ① m ② 1

개념 확인

확인 **1-1**

두 점 $A(-2, 1)$, $B(1, 5)$ 사이의 거리는?

① 3　　　　② 5　　　　③ 7

풀이 | $\overline{AB}=\sqrt{\{1-(-2)\}^2+(\boxed{❶}-1)^2}=\sqrt{\boxed{❷}}=5$

❶ 5 ❷ 25 / 답 ②

1-2 다음 □ 안에 알맞은 것을 보기에서 찾아 써넣으시오.

┌보기┐
　10,　11,　12,　13

(1) 두 점 $A(2, -2)$, $B(-4, 6)$ 사이의 거리 $\overline{AB}$는

$\overline{AB}=\boxed{}$

(2) 원점 $O(0, 0)$과 점 $A(5, 12)$ 사이의 거리 $\overline{OA}$는

$\overline{OA}=\boxed{}$

확인 **2-1**

좌표평면 위의 두 점 $A(-1, 7)$, $B(4, 2)$에 대하여 선분 AB를 $3:2$로 내분하는 점 P의 좌표를 구하시오.

풀이 | 점 P의 좌표를 (x, y)라 하면

$x=\dfrac{3\times\boxed{❶}+2\times(-1)}{3+2}=2,$

$y=\dfrac{3\times2+2\times\boxed{❷}}{3+2}=4$

따라서 점 P의 좌표는 $(2, 4)$

❶ 4 ❷ 7 / 답 $(2, 4)$

2-2 좌표평면 위의 두 점 $A(-2, 1)$, $B(8, 1)$에 대하여 다음 점의 좌표를 구하시오.

(1) 선분 AB를 $2:3$으로 내분하는 점 P

(2) 선분 AB를 $2:3$으로 외분하는 점 Q

확인 **3-1**

점 $(1, 1)$을 지나고 기울기가 2인 직선의 방정식은?

① $y=2x-3$
② $y=2x-1$
③ $y=2x+1$

풀이 | 점 $(1, 1)$을 지나고 기울기가 2인 직선의 방정식은

$y-\boxed{❶}=2(x-1)$ ∴ $y=2x-\boxed{❷}$

❶ 1 ❷ 1 / 답 ②

3-2 x절편이 1, y절편이 2인 직선의 방정식은?

① $y=-2x+1$
② $y=-2x+2$
③ $y=-2x+3$

개념 4 원의 방정식

(1) 원의 방정식의 표준형

중심이 $C(a, b)$이고 반지름의 길이가 r인 원의 방정식은

$$(x-a)^2+(y-b)^2=r^2$$

특히 중심이 원점이고 반지름의 길이가 ❶ 인 원의 방정식은

$$x^2+y^2=r^2$$

(2) 원의 방정식의 일반형

x, y에 대한 이차방정식 $x^2+y^2+Ax+By+C=0$을 변형하면

$$\left(x+\frac{A}{2}\right)^2+\left(y+\frac{B}{2}\right)^2=\frac{A^2+B^2-4C}{4}$$

이때 $A^2+B^2-4C>$ ❷ 이면 주어진 방정식은 원을 나타낸다.

보기

방정식 $x^2+y^2-8x-2y+8=0$이 나타내는 도형은

➡ $(x^2-8x+16)+(y^2-2y+1)=9$

$(x-4)^2+(y-1)^2=3^2$

따라서 주어진 방정식은 중심이 $(4, 1)$이고 반지름의 길이가 3인 원을 나타낸다.

답 | ❶ r ❷ 0

개념 5 원과 직선의 위치 관계

원 $x^2+y^2=r^2$과 직선 $y=mx+n$을 연립하여 얻은 이차방정식의 판별식을 D라 할 때

① D ❶ 0이면 서로 다른 두 점에서 만난다.

② $D=0$이면 ❷ 점에서 만난다. (접한다.)

③ $D<0$이면 만나지 않는다.

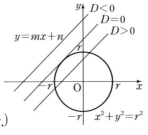

보기

원 $x^2+y^2=1$과 직선 $y=x$의 위치 관계

➡ $y=x$를 $x^2+y^2=1$에 대입하면

$x^2+x^2=1$, $2x^2-1=0$

이 이차방정식의 판별식을 D라 하면

$D=-4\times 2\times(-1)=8>0$

따라서 서로 다른 두 점에서 만난다.

답 | ❶ > ❷ 한

개념 6 원의 접선의 방정식

(1) 기울기가 주어진 접선의 방정식

원 $x^2+y^2=r^2$에 접하고 기울기가 ❶ 인 접선의 방정식은

$$y=mx\pm r\sqrt{m^2+1}$$

(2) 원 위의 점에서의 접선의 방정식

원 $x^2+y^2=r^2$ 위의 점 (x_1, y_1)에서의 접선의 방정식은

❷ $x+y_1y=r^2$

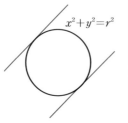

보기

원 $x^2+y^2=9$에 접하고 기울기가 1인 접선의 방정식

➡ $y=1\times x\pm 3\times\sqrt{1^2+1}$

$\therefore y=x\pm 3\sqrt{2}$

답 | ❶ m ❷ x_1

확인 4-1

다음 □ 안에 알맞은 수를 써넣으시오.

중심이 원점이고 점 $(6, 8)$을 지나는 원의 방정식은

$$x^2+y^2=\boxed{}$$

풀이 | 반지름의 길이를 r라 하면 원의 방정식은 $x^2+y^2=$ ❶

이 원이 점 $(6, 8)$을 지나므로

$6^2+8^2=r^2$　∴ $r^2=$ ❷

따라서 구하는 원의 방정식은 $x^2+y^2=100$

❶ r^2　❷ 100 / 답 100

4-2 두 점 $A(0, 1)$, $B(2, -3)$을 지름의 양 끝점으로 하는 원의 방정식은?

① $(x+1)^2+(y-1)^2=5$

② $(x-1)^2+(y-1)^2=5$

③ $(x-1)^2+(y+1)^2=5$

확인 5-1

다음 ( ) 안에 주어진 것 중 옳은 것을 고르시오.

원 $x^2+y^2=4$와 직선 $y=x-1$은

(서로 다른 두 점 , 한 점)에서 만난다.

풀이 | $y=x-1$을 $x^2+y^2=4$에 대입하면

$x^2+(x-1)^2=4$, $2x^2-2x-$ ❶ $=0$

이 이차방정식의 판별식을 D라 하면

$\dfrac{D}{4}=(-1)^2-2\times(-3)=$ ❷ >0

따라서 주어진 원과 직선은 서로 다른 두 점에서 만난다.

❶ 3　❷ 7 / 답 서로 다른 두 점

5-2 원 $x^2+y^2=8$과 직선 $y=x+k$가 만나지 않을 때, 실수 k의 값의 범위를 구하는 과정이다. (가), (나), (다)에 알맞은 수를 구하시오.

$y=x+k$를 $x^2+y^2=8$에 대입하면

$x^2+(x+k)^2=8$, $2x^2+2kx+k^2-8=0$

이 이차방정식의 판별식을 D라 하면

$\dfrac{D}{4}=k^2-\boxed{\text{(가)}}\times(k^2-8)=-k^2+16<0$

$k^2-16>0$, $(k+4)(k-4)>0$

∴ $k<\boxed{\text{(나)}}$ 또는 $k>\boxed{\text{(다)}}$

확인 6-1

원 $x^2+y^2=4$에 접하고 기울기가 2인 직선의 방정식은?

① $y=2x\pm3\sqrt{2}$　　② $y=2x\pm\sqrt{19}$

③ $y=2x\pm2\sqrt{5}$

풀이 | $y=mx\pm r\sqrt{m^2+1}$에서 $m=$ ❶, $r=2$이므로

$y=2x\pm2\times\sqrt{2^2+1}$　∴ $y=2x\pm$ ❷

❶ 2　❷ $2\sqrt{5}$ / 답 ③

6-2 원 $x^2+y^2=1$에 접하고, 직선 $y=2x-3$과 평행한 직선의 방정식은?

① $y=2x\pm1$

② $y=2x\pm\sqrt{3}$

③ $y=2x\pm\sqrt{5}$

체크 1-1

두 점 $A(2, a)$, $B(-1, 3)$ 사이의 거리가 $3\sqrt{2}$일 때, a의 값을 모두 구하시오.

도움말

두 점 $A(2, a)$, $B(-1, 3)$ 사이의 거리는
$$\overline{AB} = \sqrt{(-1-2)^2 + (3-a)^2}$$

1-2

두 점 $A(a, -3)$, $B(-3, 5)$ 사이의 거리가 10일 때, 모든 a의 값의 합은?

① -8　　　② -7　　　③ -6
④ -5　　　⑤ -4

체크 2-1

두 점 $A(a, -2)$, $B(-1, b)$에 대하여 선분 AB를 $2:1$로 외분하는 점의 좌표가 $(-2, 4)$일 때, 선분 AB의 길이는?

① $\sqrt{10}$　　　② $\sqrt{11}$　　　③ $2\sqrt{3}$
④ $\sqrt{13}$　　　⑤ $\sqrt{14}$

도움말

선분 AB를 $2:1$로 외분하는 점의 좌표가 $(-2, 4)$이므로
$$\frac{2\times(-1)-1\times a}{2-1} = -2, \quad \frac{2\times b - 1\times(-2)}{2-1} = 4$$

2-2

두 점 $A(1, -2)$, $B(3, 3)$에 대하여 선분 AB를 $2:m$으로 내분하는 점이 직선 $y=x-1$ 위에 있을 때, 양수 m의 값은?

① 1　　　② 2　　　③ 3
④ 4　　　⑤ 5

체크 3-1

직선 $3x-y-5=0$과 평행하고 점 $(1, 7)$을 지나는 직선이 점 $(2, k)$를 지날 때, k의 값을 구하시오.

도움말

직선 $3x-y-5=0$과 평행한 직선의 기울기는 3이다.

3-2

직선 $x+ay+3=0$이 직선 $x-y+5=0$에 수직이고 직선 $(b-2)x+y-1=0$에 평행할 때, 상수 a, b에 대하여 $a+b$의 값을 구하시오.

체크 4-1

방정식 $x^2+y^2+4x-2y-k=0$이 원이 되게 하는 실수 k의 값의 범위는?

① $k \geq -5$ 　② $k > -5$ 　③ $k \geq -4$

④ $k > 4$ 　⑤ $k > 3$

도움말

$x^2+y^2+4x-2y-k=0$에서
$(x^2+4x+4)+(y^2-2y+1)-k-5=0$

4-2

원 $x^2+y^2+4x-8y+a=0$의 중심의 좌표가 (b, c)이고, 반지름의 길이가 4일 때, 상수 a, b, c에 대하여 $a+b+c$의 값은?

① 3 　② 4 　③ 5

④ 6 　⑤ 7

체크 5-1

원 $x^2+y^2+6x-4y+11-k^2=0$이 y축에 접할 때, 양수 k의 값은?

① $\sqrt{2}$ 　② $\sqrt{3}$ 　③ $\sqrt{5}$

④ $\sqrt{6}$ 　⑤ $\sqrt{7}$

도움말

$x^2+y^2+6x-4y+11-k^2=0$에서
$(x^2+6x+9)+(y^2-4y+4)-2-k^2=0$

5-2

원 $x^2+y^2=1$과 직선 $ax-y+2=0$이 만나지 않을 때, 실수 a의 값의 범위를 구하시오.

체크 6-1

원 $x^2+y^2=20$에 접하고 직선 $2x+4y+1=0$과 수직인 직선의 방정식은?

① $y=2x \pm 7$ 　② $y=2x \pm 8$

③ $y=2x \pm 9$ 　④ $y=2x \pm 10$

⑤ $y=2x \pm 11$

도움말

$y=mx \pm r\sqrt{m^2+1}$에서 $m=2, r=2\sqrt{5}$

6-2

원 $x^2+y^2=5$ 위의 점 $(2, -1)$에서의 접선이 점 $(-2, a)$를 지날 때, a의 값을 구하시오.

개념 총정리

개념 1 집합의 분류

(1) **원소의 개수에 따른 분류**

① 유한집합 : 원소가 [①]개인 집합

② 무한집합 : 원소가 무수히 많은 집합

③ 공집합 : 원소가 하나도 없는 집합

(2) **집합의 원소의 개수**

① 집합 A의 원소가 유한개일 때, 집합 A의 원소의 개수를 $n(A)$와 같이 나타낸다.

② 원소가 하나도 없는 집합을 공집합이라 하고 기호로 $\varnothing$과 같이 나타낸다. 이때 $n(\varnothing)=$ [②]이다.

보기

$\{\varnothing\}$: 원소가 $\varnothing$인 집합

➡ $n(\{\varnothing\})=1$

$\{0, \varnothing\}$: 원소가 0, $\varnothing$인 집합

➡ $n(\{0, \varnothing\})=2$

답 | ❶ 유한 ❷ 0

개념 2 명제와 참, 거짓

(1) **명제** : 참, 거짓을 분명하게 판별할 수 있는 문장이나 식

(2) **조건** : 문자의 값에 따라 참, 거짓이 결정되는 문장이나 식

(3) **명제 $p \longrightarrow q$**

두 조건 p, q로 이루어진 명제 'p이면 q이다.'를 기호로 $p \longrightarrow q$와 같이 나타내고 p를 [❶], q를 결론이라 한다.

(4) **명제 $p \longrightarrow q$의 참, 거짓**

명제 $p \longrightarrow q$에서 두 조건 p, q의 진리집합을 각각 P, Q라 할 때

① $P \subset Q$이면 명제 $p \longrightarrow q$는 참이다.

또 명제 $p \longrightarrow q$가 참이면 $P \subset Q$이다.

② $P \not\subset Q$이면 명제 $p \longrightarrow q$는 [❷]이다.

또 명제 $p \longrightarrow q$가 거짓이면 $P \not\subset Q$이다.

보기

명제 'x가 4의 배수이면 x는 2의 배수이다.'에 대하여

➡ 가정 : x가 4의 배수이다.

결론 : x는 2의 배수이다.

답 | ❶ 가정 ❷ 거짓

개념 3 절대부등식

(1) **절대부등식**

문자를 포함한 부등식에서 그 문자에 어떤 [❶]를 대입해도 항상 성립하는 부등식

(2) **절대부등식의 증명에 이용되는 실수의 성질**

a, b가 실수일 때

① $a^2 \geq 0$, $a^2+b^2 \geq 0$ 　　② $a>b \Longleftrightarrow a-b>0$

③ $a^2+b^2=0 \Longleftrightarrow a=b=$ [❷] 　　④ $|a|^2=a^2$, $|a||b|=|ab|$

⑤ $a \geq 0$, $b \geq 0$일 때, $a \geq b \Longleftrightarrow a^2 \geq b^2$

보기

(1) $a^2+1>0$은 모든 실수 a에 대하여 성립하므로 절대부등식이다.

(2) $2x+1>x$는 부등식이 성립하지 않는 x의 값이 존재하므로 절대부등식이 아니다.

답 | ❶ 실수 ❷ 0

개념 확인

확인 1-1

다음 집합의 원소의 개수를 구하시오.

(1) $A = \{x \mid x$는 15의 약수$\}$

(2) $B = \{x \mid x$는 10 미만의 소수$\}$

풀이 | (1) $A = \{x \mid x$는 15의 약수$\} = \{1, 3, \boxed{\textbf{❶}}, 15\}$

∴ $n(A) = 4$

(2) $B = \{x \mid x$는 10 미만의 소수$\} = \{2, 3, 5, \boxed{\textbf{❷}}\}$

∴ $n(B) = 4$

❶ 5 **❷** 7 / **답** (1) 4 (2) 4

1-2 다음 ( ) 안에 주어진 것 중 옳은 것을 고르시오.

(1) $\{x \mid x$는 7의 배수$\}$는 (유한 , 무한)집합이다.

(2) $\{x \mid x$는 7의 약수$\}$는 (유한 , 무한)집합이다.

확인 2-1

다음 보기 중 명제인 것을 모두 고르시오.

┌ 보기 ┐
ㄱ. $x + 2 = 0$
ㄴ. 3은 6의 약수이다.
ㄷ. 가을 바람이 참 좋다!
ㄹ. $\{1, 2\} \not\subset \{1, 2, 3\}$

① ㄱ, ㄴ   ② ㄴ, ㄹ   ③ ㄷ, ㄹ

풀이 | ㄴ. 3은 6의 약수이므로 $\boxed{\textbf{❶}}$ 인 명제이다.

ㄹ. $\{1, 2\} \subset \{1, 2, 3\}$이므로 $\boxed{\textbf{❷}}$ 인 명제이다.

따라서 명제인 것은 ㄴ, ㄹ이다.

❶ 참 **❷** 거짓 / **답** ②

2-2 다음 ( ) 안에 주어진 것 중 옳은 것을 고르시오.

(1) 모든 x에 대하여 $|x| > x$이다. (참 , 거짓)

(2) 어떤 자연수 x에 대하여 $x^2 \leq 1$이다. (참 , 거짓)

확인 3-1

다음은 a, b가 실수일 때, 부등식 $a^2 + ab + b^2 \geq 0$이 성립함을 증명하는 과정이다. (가), (나)에 알맞은 것을 구하시오.

$$a^2 + ab + b^2 = \left(a + \frac{b}{2}\right)^2 + \frac{3}{4}b^2$$

그런데 $\boxed{\text{(가)}} \geq 0, \frac{3}{4}b^2 \geq 0$이므로

$$a^2 + ab + b^2 \boxed{\text{(나)}} \, 0$$

(단, 등호는 $a = b = 0$일 때 성립)

풀이 | $a^2 + ab + b^2 = \left(a + \frac{b}{2}\right)^2 + \frac{3}{4}b^2$

그런데 $\left(a + \frac{b}{2}\right)^2 \geq 0, \frac{3}{4}b^2 \boxed{\textbf{❶}} \, 0$이므로

$a^2 + ab + b^2 \geq \boxed{\textbf{❷}}$ (단, 등호는 $a = b = 0$일 때 성립)

❶ ≥ **❷** 0 / **답** (가) $\left(a + \frac{b}{2}\right)^2$ (나) ≥

3-2 a, b가 실수일 때, 다음 □ 안에 알맞은 것을 보기에서 찾아 써넣으시오.

┌ 보기 ┐
$$a = b = 0, \qquad a^2 \geq b^2, \qquad a - b > 0$$

(1) $a^2 + b^2 = 0 \Longleftrightarrow \boxed{}$

(2) $a > b \Longleftrightarrow \boxed{}$

(3) $a \geq 0, b \geq 0$일 때, $a \geq b \Longleftrightarrow \boxed{}$

개념 4 여러 가지 함수

(1) **함수**

두 집합 X, Y에 대하여 X의 각 원소에 Y의 원소가 오직 하나씩 대응할 때, 이 대응을 X에서 Y로의 함수라 하고, 기호로 $f : X \longrightarrow Y$와 같이 나타낸다.

(2) **일대일함수**

함수 $f : X \longrightarrow Y$에서 정의역 X의 임의의 두 원소 x_1, x_2에 대하여 x_1 ❶☐ x_2이면 $f(x_1) \neq f(x_2)$인 함수를 일대일함수라 한다.

(3) **항등함수**

함수 $f : X \longrightarrow X$에서 정의역 X의 각 원소 x에 자기 자신인 x가 대응하는 함수, 즉 $f(x)=x$인 함수를 ❷☐ 함수라 한다.

보기

정의역 X의 각 원소 x에 자기 자신인 x가 대응하므로 $f : X \longrightarrow X$는 항등함수이다.

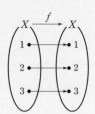

답 | ❶ $\neq$ ❷ 항등

개념 5 유리함수 $y = \dfrac{k}{x-p} + q \ (k \neq 0)$의 그래프

(1) 함수 $y = \dfrac{k}{x}$의 그래프를 x축의 방향으로 p만큼, y축의 방향으로 q만큼 평행이동한 것이다.

(2) 정의역은 $\{x \,|\, x \neq$ ❶☐ 인 실수$\}$이고, 치역은 $\{y \,|\, y \neq q$인 실수$\}$이다.

(3) 점근선은 두 직선 $x=p$, $y=$ ❷☐ 이다.

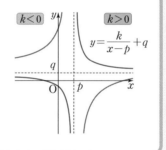

보기

함수 $y = -\dfrac{1}{x-2} + 1$의 그래프

➡ 정의역 : $\{x \,|\, x \neq 2$인 실수$\}$
치역 : $\{y \,|\, y \neq 1$인 실수$\}$
점근선의 방정식 : $x=2$, $y=1$

답 | ❶ p ❷ q

개념 6 경우의 수

(1) **합의 법칙**

두 사건 A, B가 동시에 일어나지 않을 때, 사건 A가 일어나는 경우의 수가 m이고 사건 B가 일어나는 경우의 수가 n이면 사건 A 또는 사건 B가 일어나는 경우의 수는 ❶☐ 이다.

(2) **곱의 법칙**

사건 A가 일어나는 경우의 수가 m이고, 그 각각에 대하여 사건 B가 일어나는 경우의 수가 n이면 사건 A와 사건 B가 잇달아 일어나는 경우의 수는 ❷☐ 이다.

보기

한 개의 주사위를 던질 때, 소수 또는 4의 배수가 나오는 경우의 수

➡ 소수의 눈이 나오는 경우는 2, 3, 5의 3가지
4의 배수의 눈이 나오는 경우는 4의 1가지
따라서 구하는 경우의 수는 $3+1=4$

답 | ❶ $m+n$ ❷ $m \times n$

개념 확인

확인 4-1

두 집합 $X=\{1, 2, 3\}$, $Y=\{a, b, c\}$에 대하여 다음 대응이 함수인 것은?

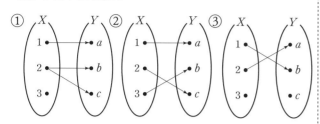

풀이 | ① X의 원소 2에 대응하는 Y의 원소가 b, c의 **❶**□□개이므로 함수가 아니다.

② X의 각 원소에 Y의 원소가 오직 하나씩 대응하므로 함수이다.

③ X의 원소 **❷**□□에 대응하는 Y의 원소가 없으므로 함수가 아니다.

❶ 2 ❷ 3 / 답 ②

4-2 다음 ( ) 안에 주어진 것 중 옳은 것을 고르시오.

(1) 함수 $f : X \longrightarrow Y$에서 정의역 X의 임의의 두 원소 x_1, x_2에 대하여 $x_1 \neq x_2$이면 $f(x_1) \neq f(x_2)$인 함수를 (일대일대응 , 일대일함수)(이)라 한다.

(2) 함수 $f : X \longrightarrow Y$에서 정의역 X의 모든 원소 x에 공역 Y의 단 하나의 원소가 대응하는 함수, 즉 $f(x)=c$ (c는 상수)인 함수를 (항등 , 상수)함수라 한다.

확인 5-1

함수 $y=\dfrac{1-x}{x-4}$의 점근선의 방정식을 구하시오.

풀이 | $y=\dfrac{1-x}{x-4}=\dfrac{-(x-4)-3}{x-4}=-\dfrac{3}{x-4}-$ **❶**□□

이므로 함수 $y=\dfrac{1-x}{x-4}$의 그래프는 함수 $y=-\dfrac{3}{x}$의 그래프를 x축의 방향으로 **❷**□□만큼, y축의 방향으로 -1만큼 평행이동한 것이다.

따라서 점근선의 방정식은 $x=4$, $y=-1$이다.

❶ 1 ❷ 4 / 답 $x=4$, $y=-1$

5-2 함수 $y=\dfrac{1}{x-1}+2$의 그래프에 대하여 다음 보기 중 옳은 것을 모두 고르시오.

┌ 보기 ┐
ㄱ. 정의역은 $\{x \mid x \neq -1$인 실수$\}$이다.
ㄴ. 치역은 $\{y \mid y \neq 2$인 실수$\}$이다.
ㄷ. 점근선은 직선 $x=1$, $y=2$이다.

확인 6-1

1에서 10까지의 자연수가 하나씩 적힌 10장의 카드 중에서 한 장을 뽑을 때, 5의 배수 또는 4의 약수가 나오는 경우의 수는?

① 5   ② 6   ③ 7

풀이 | (i) 5의 배수가 나오는 경우는 5, 10의 **❶**□□가지

(ii) 4의 약수가 나오는 경우는 1, 2, 4의 3가지

(i), (ii)는 동시에 일어날 수 없으므로 구하는 경우의 수는
$2+3=$ **❷**□□

❶ 2 ❷ 5 / 답 ①

6-2 한 개의 주사위를 던질 때, 다음 □ 안에 알맞은 수를 써넣으시오.

(1) 2의 배수의 눈이 나오는 경우의 수는 □이다.

(2) 4의 배수의 눈이 나오는 경우의 수는 □이다.

(3) 6의 약수의 눈이 나오는 경우의 수는 □이다.

체크 1-1

다음 보기 중 집합이 <u>아닌</u> 것을 모두 고르시오.

┌ 보기 ┐
ㄱ. 8의 약수의 모임
ㄴ. 깊은 비다에 시는 물고기의 모임
ㄷ. 아름다운 꽃의 모임
ㄹ. 나와 친한 우리 반 친구의 모임

도움말

8의 약수의 모임은 $\{1, 2, 4, 8\}$이다.

1-2

두 집합
$$A = \{x \mid x^2 - 5x - 6 = 0\}, \ B = \{x \mid x는 \ 14의 \ 약수\}$$
에 대하여 $n(A) \times n(B)$의 값은?

① 2   ② 4   ③ 6

④ 8   ⑤ 10

체크 2-1

a가 실수일 때, 다음 명제의 참, 거짓을 판별하시오.

(1) $a^2 > 1$이면 $a > 1$이다.

(2) $a^2 = 4$이면 $a = 2$이다.

(3) a가 9의 배수이면 a는 3의 배수이다.

도움말

(1) [반례] $a = -2$이면 $a^2 = 4 > 1$이지만 $a > 1$이 아니다.

2-2

다음 보기 중 명제의 역이 항상 참인 것을 모두 고르시오.

┌ 보기 ┐
ㄱ. n이 자연수일 때, n이 홀수이면 n^2은 홀수이다.
ㄴ. n이 자연수일 때, n이 2의 배수이면 n은 4의 배수이다.
ㄷ. x, y가 실수일 때, $xy < 0$이면 $x^2 + y^2 > 0$이다.

체크 3-1

다음은 $a > 0$, $b > 0$일 때, 부등식
$$\sqrt{a} + \sqrt{b} > \sqrt{a + b}$$
가 성립함을 증명하는 과정이다. (가), (나)에 알맞은 것을 구하시오.

$\sqrt{a} + \sqrt{b} > 0$, $\sqrt{a + b} > 0$이므로
$(\sqrt{a} + \sqrt{b})^2 > (\boxed{(가)})^2$임을 보이면 된다.
$(\sqrt{a} + \sqrt{b})^2 - (\boxed{(가)})^2$
$= (a + 2\sqrt{ab} + b) - (\boxed{(나)}) = 2\sqrt{ab} > 0$
이므로 $\sqrt{a} + \sqrt{b} > \sqrt{a + b}$이다.

도움말

$\sqrt{a} + \sqrt{b} > 0$, $\sqrt{a + b} > 0$이므로
$\sqrt{a} + \sqrt{b} > \sqrt{a + b} \Longleftrightarrow (\sqrt{a} + \sqrt{b})^2 > (\sqrt{a + b})^2$

3-2

다음은 x, y, z가 실수일 때, 부등식
$$x^2 + y^2 + z^2 - xy - yz - zx \geq 0$$
이 성립함을 증명하는 과정이다. (가), (나), (다)에 알맞은 것을 구하시오.

$x^2 + y^2 + z^2 - xy - yz - zx$
$= \dfrac{1}{2}(2x^2 + 2y^2 + 2z^2 - 2xy - 2yz - 2zx)$
$= \dfrac{1}{2}\{(x - y)^2 + \boxed{(가)} + (z - x)^2\}$

이때 x, y, z가 실수이므로
$(x - y)^2 \boxed{(나)} \, 0, \ (y - z)^2 \geq 0, \ (z - x)^2 \geq 0$
$\therefore \ x^2 + y^2 + z^2 - xy - yz - zx \geq 0$

(단, 등호는 $\boxed{(다)}$일 때 성립)

체크 4-1

실수 전체의 집합에서 정의된 다음 보기의 함수 중 일대일대응인 것을 모두 고르시오.

┌─ 보기 ┐
ㄱ. $y=-x+2$ ㄴ. $y=7$
ㄷ. $y=|x|$ ㄹ. $y=x^2-1$
└────────┘

도움말

치역과 공역이 같고, 치역의 한 원소 b에 대하여 x축에 평행한 직선 $y=b$와 한 점에서만 만나는 함수의 그래프를 찾는다.

4-2

집합 $X=\{x\,|\,-1\leq x\leq 3\}$일 때, X에서 X로의 함수 $f(x)=ax+b$가 일대일대응이 되게 하는 상수 a, b의 값을 구하시오. (단, $a>0$)

체크 5-1

함수 $y=\dfrac{2x-3}{x+1}$의 그래프는 함수 $y=\dfrac{k}{x}$의 그래프를 x축의 방향으로 p만큼, y축의 방향으로 q만큼 평행이동한 것이다. 이때 $k+p+q$의 값을 구하시오.

(단, k는 상수)

도움말

$y=\dfrac{2x-3}{x+1}=\dfrac{2(x+1)-5}{x+1}=-\dfrac{5}{x+1}+2$

5-2

함수 $y=\dfrac{4x}{x-1}$의 그래프에 대한 설명으로 옳지 <u>않은</u> 것은?

① 정의역은 $\{x\,|\,x\neq 1$인 실수$\}$이다.
② 치역은 $\{y\,|\,y\neq 4$인 실수$\}$이다.
③ 점근선은 직선 $x=1$, $y=4$이다.
④ 점 $(1, 4)$에 대하여 대칭이다.
⑤ 제 1, 2, 3사분면을 지난다.

체크 6-1

지민이가 집에서 학교까지 가는 길이 다음 그림과 같을 때, 지민이가 집에서 공원을 지나 학교까지 가는 경우의 수는?

집   공원   학교

① 5   ② 6   ③ 7
④ 8   ⑤ 9

도움말

집에서 공원까지 가는 길은 2가지이고, 공원에서 학교까지 가는 길은 4가지이다.

6-2

각 면에 1부터 12까지의 자연수가 하나씩 적혀 있는 정십이면체 모양의 주사위를 세 번 던질 때, 첫 번째는 2의 배수가 나오고 두 번째는 5의 배수가 나오고 세 번째는 3의 배수가 나오는 경우의 수는?

① 24   ② 36   ③ 48
④ 60   ⑤ 72

1 $a+\dfrac{1}{a}=-2$일 때, $a^2+\dfrac{1}{a^2}$의 값은? [5점]

① 1　　　　　　② 2

③ 3　　　　　　④ 4

2 다음 중 x에 대한 항등식은? [5점]

① $4x-2=0$

② $x^2-1=0$

③ $3x-4=x+1$

④ $(x-1)^2=x^2-2x+1$

3 어떤 수를 입력하고 버튼 z를 누를 때마다 화면에 나타난 값에 $-\dfrac{1}{2}+\dfrac{\sqrt{3}}{2}i$를 곱한 값이 화면에 나타나는 계산기가 있다. 이 계산기에 1을 입력하고 버튼 z를 두 번 눌렀을 때, 화면에 나타나는 값은? [5점]

① $-\dfrac{1}{2}-\dfrac{\sqrt{3}}{2}i$　　② $-\dfrac{1}{2}+\dfrac{\sqrt{3}}{2}i$

③ $\dfrac{1}{2}-\dfrac{\sqrt{3}}{2}i$　　④ $\dfrac{1}{2}+\dfrac{\sqrt{3}}{2}i$

4 이차방정식 $x^2-5x+4=0$의 근이 될 수 있는 x의 값은? [5점]

① 0　　　　　　② 1

③ 2　　　　　　④ 3

융합

5 다음은 이차함수의 최솟값을 구하는 방법에 대하여 학생들이 나눈 대화이다.

주어진 식을 $f(x)=a(x-p)^2+q$의 꼴로 변형하자.

꼭짓점의 x좌표가 제한된 범위에 속하는지 속하지 않는지 확인해!

$0 \le x \le 3$에서 이차함수 $f(x)=x^2-2x-2$의 최솟값은? [5점]

① -3 　　　② -2

③ -1 　　　④ 0

6 연립부등식
$$\begin{cases} x+3>4 \\ x-1<1 \end{cases}$$
의 해가 $a<x<b$일 때, $a+b$의 값은? [5점]

① 1 　　　② 3

③ 5 　　　④ 7

7 두 점 $A(2,\ -6)$, $B(12,\ 4)$에 대하여 선분 AB를 $3:2$로 내분하는 점 P의 좌표는? [5점]

① $(2, 0)$ 　　　② $(4, 0)$

③ $(6, 0)$ 　　　④ $(8, 0)$

8 점 P(-1, 1)을 지나고 직선 $y=-\dfrac{1}{2}x+3$에 수직인 직선의 방정식은? [5점]

① $y=-2x+4$

② $y=-2x-1$

③ $y=2x+3$

④ $y=2x+4$

9 원 $x^2+y^2=5$ 위의 점 (-1, -2)에서의 접선의 방정식은? [5점]

① $x+2y=-5$

② $x+y=5$

③ $x-y=-2$

④ $2x-y=1$

창의

10 다음은 A, B반에서 수학여행지로 4곳씩 선정한 결과이다.

 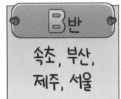

A, B반 중 한 반에서만 선정한 수학여행지의 집합은? [5점]

① {경주, 전주}

② {제주, 서울}

③ {경주, 전주, 서울}

④ {경주, 전주, 제주, 서울}

코딩

11 인도의 수학자 아리아바타는 덧셈이 뺄셈이 되거나 곱셈이 나눗셈이 되는 관계를 그의 저서 "아리아바티야"에 소개하였다. 다음은 아리아바타가 소개한 관계를 이용한 퍼즐이다.

❺의 수를 x, ❶에서 선택한 수를 y라 할 때, y를 x에 대한 식으로 나타낸 것은? [5점]

① $y = \dfrac{1}{2}x + 1$

② $y = \dfrac{1}{2}x + 2$

③ $y = x + 1$

④ $y = x + 2$

12 유리식 $\dfrac{x^3 - 1}{x^2 + x + 1}$ 을 약분하여 계산한 것은? [5점]

① $x - 2$

② $x - 1$

③ $x + 1$

④ $x + 2$

13 다음 그림은 집합 $X = \{1, 2, 3, 4\}$에서 $Y = \{5, 6, 7, 8\}$로의 함수 f를 나타낸 것이다. 함수 f의 역함수 f^{-1}의 값으로 옳은 것은? [5점]

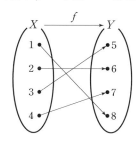

① $f^{-1}(5) = 1$

② $f^{-1}(6) = 2$

③ $f^{-1}(7) = 3$

④ $f^{-1}(8) = 4$

14 다음 중 무리식을 보기에서 있는 대로 고른 것은?

[5점]

┌ 보기 ┐

ㄱ. $\sqrt{x+3}$ ㄴ. $\sqrt{2x-3}$ ㄷ. $\dfrac{\sqrt{2}}{x}$

① ㄱ   ② ㄱ, ㄴ

③ ㄱ, ㄷ   ④ ㄴ, ㄷ

15 동아리 회원 10명 중에서 2명을 뽑는 경우의 수는?

[5점]

① 20   ② 35

③ 45   ④ 70

16 다음은 1부터 20까지의 자연수가 적힌 20장의 카드에서 한 장의 카드를 뽑을 때, 뽑힌 카드의 숫자가 5의 배수 또는 7의 배수인 경우의 수를 구하는 과정이다.

> 5의 배수가 적힌 카드의 집합을 A, 7의 배수가 적힌 카드의 집합을 B라 하면
> $A=\{5, 10, 15, 20\} \Rightarrow n(A)=4$
> $B=\{7, 14\} \Rightarrow n(B)=2$
> 이때 A [⑦] $B=\varnothing$이므로 구하는 경우의 수는
> $n(A\cup B)=n(A)+n(B)=$ [⑭]

(가), (나)에 들어갈 알맞은 것은? [5점]

	(가)	(나)
①	$\cup$	6
②	$\cup$	8
③	$\cap$	6
④	$\cap$	8

서답형 1

$(x+y)^2-2(x+y-1)-1$을 인수분해하시오. [5점]

서답형 2 [신경향]

다음 대화를 읽고, 모든 a의 값의 합을 구하시오. [5점]

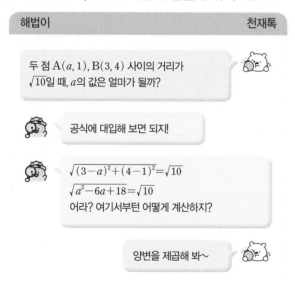

해법이   천재톡

두 점 $A(a, 1)$, $B(3, 4)$ 사이의 거리가 $\sqrt{10}$일 때, a의 값은 얼마가 될까?

공식에 대입해 보면 되지!

$\sqrt{(3-a)^2+(4-1)^2}=\sqrt{10}$
$\sqrt{a^2-6a+18}=\sqrt{10}$
어라? 여기서부턴 어떻게 계산하지?

양변을 제곱해 봐~

서답형 3

세 조건 p, q, r의 진리집합을 각각 P, Q, R라 할 때, 다음 단서를 이용하여 p는 r이기 위한 무슨 조건인지 말하시오. [5점]

단서1	단서2
$P \cup Q = P$	$Q \cap R = R$

서답형 4 [창의]

어느 스포츠용품 회사에서는 육상화, 경등산화, 빙상화, 축구화, 농구화를 일렬로 나열한 광고 사진을 찍기로 하였다. 다섯 종류의 신발을 일렬로 나열하는 경우의 수를 구하시오. [5점]

육상화   경등산화   빙상화   축구화   농구화

1 다항식 $P(x) = x^2 + ax - 3$이 $x + 1$로 나누어떨어질 때, 상수 a의 값은? [5점]

① -2

② -1

③ 1

④ 2

코딩

2 다음 힌트를 읽고, 비밀번호를 바르게 구한 것은?

(단, a, b, c, d는 자연수) [5점]

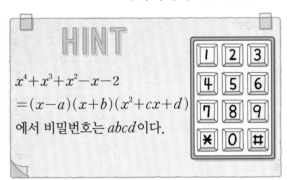

$x^4 + x^3 + x^2 - x - 2$
$= (x - a)(x + b)(x^2 + cx + d)$
에서 비밀번호는 $abcd$이다.

① 1111

② 1112

③ 1221

④ 2121

융합

3 다음 대화에 알맞은 복소수 z의 값은? [5점]

난 복소수 z. 나의 실수부분은 허수부분의 2배보다 5만큼 작아.

난 z의 켤레복소수 $\overline{z}$, 나의 허수부분은 실수부분보다 7만큼 작지!

① $3 - 4i$

② $3 + 4i$

③ $4 - 3i$

④ $4 + 3i$

4 이차방정식 $x^2+2kx-3k-4=0$의 한 근이 5일 때, 상수 k의 값은? [5점]

① -3 ② -1

③ 1   ④ 3

5 이차함수 $y=-3(x+2)^2-1$의 최댓값은? [5점]

① -2 ② -1

③ 1   ④ 2

융합

6 다음 중 이차함수 $y=x^2-2x+2$의 그래프와 서로 다른 두 점에서 만나는 직선의 방정식이 적혀 있는 카드를 들고 있는 사람을 있는 대로 고른 것은? [5점]

① 지민, 주은   ② 지민, 시완

③ 민재, 채린   ④ 시완, 채린

융합

7 두 점 $A(-2, -3), B(6, 1)$에 대하여 선분 AB를 $3:1$로 외분하는 점 Q의 좌표는? [5점]

① $(3, 6)$ ② $(5, 5)$

③ $(8, 4)$ ④ $(10, 3)$

8 점 $P(3, 2)$를 지나고 직선 $3x+y=0$에 평행한 직선의 방정식은? [5점]

① $y=-3x+11$

② $y=-3x+13$

③ $y=\dfrac{1}{3}x+1$

④ $y=\dfrac{1}{3}x+3$

9 중심이 점 $(1, 2)$이고 반지름의 길이가 3인 원의 방정식은? [5점]

① $(x-1)^2+(y-2)^2=3$

② $(x-1)^2+(y-2)^2=9$

③ $(x+1)^2+(y+2)^2=3$

④ $(x+1)^2+(y+2)^2=9$

창의

10 다음은 2016년에 열린 리우데자네이루 올림픽에서 남자 양궁 단체전 준결승전과 결승전에 진출한 나라이다.

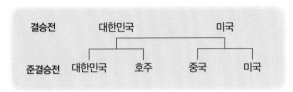

단체전 준결승전과 결승전에 진출한 나라를 원소로 하는 집합을 각각 P, Q라 할 때, 두 집합의 포함 관계로 옳은 것은? [5점]

① $P \subset Q$

② $Q \subset P$

③ $P \in Q$

④ $Q \in P$

11 점 $(4, 3)$을 x축의 방향으로 2만큼, y축의 방향으로 -3만큼 평행이동한 점의 좌표는? [5점]

① $(6, 0)$ ② $(5, 1)$

③ $(4, 2)$ ④ $(3, 3)$

신유형

12 다음은 연준이의 SNS계정 화면이다. 밑줄 친 명제의 부정으로 옳은 것은? [5점]

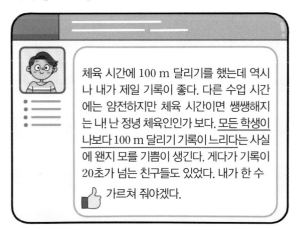

① 어떤 학생은 나보다 100 m 달리기 기록이 느리다.

② 어떤 학생은 나보다 100 m 달리기 기록이 느리지 않다.

③ 모든 학생은 나보다 100 m 달리기 기록이 느리다.

④ 모든 학생은 나보다 100 m 달리기 기록이 느리지 않다.

---

13 다음 대응 중 집합 X에서 집합 Y로의 함수인 것을 보기에서 있는 대로 고른 것은? [5점]

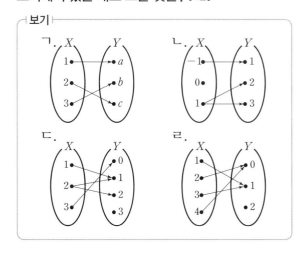

① ㄱ, ㄴ   ② ㄱ, ㄹ

③ ㄴ, ㄷ   ④ ㄴ, ㄷ, ㄹ

14 실수 전체의 집합에서 정의된 함수 $f(x)=2x-3$에 대하여 $f^{-1}(1)=k$일 때, 상수 k의 값은? [5점]

① 1   ② 2

③ 3   ④ 4

15 무리식 $\sqrt{2x-3}$의 값이 실수가 되도록 하는 실수 x의 값의 범위는? [5점]

① $x<\dfrac{3}{2}$ ② $x\leq\dfrac{3}{2}$

③ $x>\dfrac{3}{2}$ ④ $x\geq\dfrac{3}{2}$

융합

16 다음 중 함수 $y=\dfrac{1}{x-1}+2$의 그래프에 대하여 바르게 설명한 사람을 있는 대로 고른 것은? [5점]

① 준수

② 지아

③ 나래, 지아

④ 준수, 나래, 지아

서답형 1

두 다항식 $A-2x^2-y^2$, $B--x^2+3y^2$에 대하여 $2A+B$ 를 계산하시오. [5점]

서답형 2

원 $x^2+y^2=4$에 접하고, 기울기가 3인 직선의 방정식을 구하는 과정이다. (가), (나)에 알맞은 것을 구하시오. [5점]

> 원 $x^2+y^2=4$에 접하고, 기울기가 3인 직선의 방정식을 $y=3x+k$ (k는 상수)라 하자.
>
> $y=3x+k$를 $x^2+y^2=4$에 대입하면
>
> $x^2+(3x+k)^2=4$, $10x^2+6kx+\boxed{(가)}=0$
>
> 이 이차방정식의 판별식을 D라 하면
>
> $\dfrac{D}{4}=(3k)^2-10\times(k^2-4)=0$
>
> $k^2=\boxed{(나)}$ $\therefore k=\pm2\sqrt{10}$
>
> 따라서 구하는 직선의 방정식은 $y=3x\pm2\sqrt{10}$이다.

서답형 3

집합 $A=\{x\,|\,x$는 18의 약수$\}$의 진부분집합의 개수를 구하시오. [5점]

서답형 4

남학생 5명, 여학생 3명인 동아리에서 남녀 한 명씩 대표를 뽑는 경우의 수를 구하시오. [5점]

1 $a-b=-3$, $ab=-2$일 때, $(a+b)^2$의 값은? [5점]

① 1   ② 2

③ 4   ④ 8

2 등식 $3x+7=a(x+2)-b$가 x에 대한 항등식일 때, 상수 a, b에 대하여 ab의 값은? [5점]

① -3 ② -2

③ 2   ④ 3

신유형

3 다음은 어느 인터넷 수학 게시판에 올라온 질문과 그 답변이다.

● ● ● 정성을 다해 상담해 드리겠습니다.

제목: 이상합니다. $1=-1$이라고요?

내용: $1=\sqrt{1}$
$=\sqrt{(-1)\times(-1)}$
$=\sqrt{-1}\sqrt{-1}$
$=i\times i$
$=i^2$
$=-1$

풀이가 틀렸다는 건 알겠는데 어느 부분에서 틀렸는지를 모르겠어요. 틀린 곳을 찾아주세요.

Re 계산 과정 중
$\sqrt{(-1)\times(-1)}=\sqrt{-1}\sqrt{-1}$
부분이 잘못되었네요.
$a<0$, $b<0$일 때, $\sqrt{ab}=$ □(가)
이므로
$\sqrt{(-1)\times(-1)}=$ □(나)
로 계산해야 합니다.

위의 답변에서 (가), (나)에 알맞은 것은? [5점]

	(가)	(나)
①	$\sqrt{a}\sqrt{b}$	$\sqrt{-1}\sqrt{-1}$
②	$\sqrt{a}\sqrt{b}$	$-\sqrt{-1}\sqrt{-1}$
③	$-\sqrt{a}\sqrt{b}$	$\sqrt{-1}\sqrt{-1}$
④	$-\sqrt{a}\sqrt{b}$	$-\sqrt{-1}\sqrt{-1}$

4 이차방정식 $x^2+6x+3=0$의 서로 다른 실근의 개수는? [5점]

① 0   ② 1

③ 2   ④ 3

6 두 점 $A(-2, 5)$, $B(-2, -3)$ 사이의 거리는? [5점]

① 2   ② 4

③ 6   ④ 8

5 다음 중 이차함수 $y=2x^2-7x+3$의 그래프와 x축의 교점의 x좌표인 것은? [5점]

① 1   ② 3

③ 5   ④ 7

7 원 $x^2+y^2-2x-4y-4=0$의 반지름의 길이는? [5점]

① 1   ② 2

③ 3   ④ 4

8 직선 $3x+y=0$을 x축의 방향으로 -1만큼, y축의 방향으로 4만큼 평행이동한 직선의 방정식은? [5점]

① $3x+y-1=0$ ② $3x+y+1=0$

③ $x+3y-1=0$ ④ $x+3y+1=0$

융합

9 다음 중 명제인 것을 말한 사람을 있는 대로 고른 것은? [5점]

① 경석, 은주   ② 경석, 지연

③ 은주, 지연   ④ 은주, 수빈

융합

10 다음 중 절대부등식이 적힌 카드를 들고 있는 사람을 있는 대로 고른 것은? [5점]

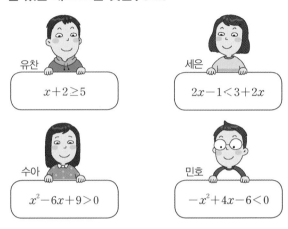

① 유찬, 세은   ② 세은, 수아

③ 세은, 민호   ④ 수아, 민호

창의

11 다음 중 집합이 <u>아닌</u> 것을 말한 사람은? [5점]

지유

10보다 큰 홀수의 모임

우진

태양계 행성들의 모임

하린

100에 가까운 수의 모임

건우

우리 반에서 안경을 낀 학생들의 모임

① 지유   ② 우진

③ 하린   ④ 건우

12 다음 그림은 집합 $X = \{1, 2, 3\}$에서 집합 $Y = \{a, b, c, d\}$로의 함수 f를 나타낸 것이다.

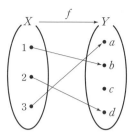

함수 f에 대한 설명으로 옳지 <u>않은</u> 것은? [5점]

① 정의역은 $\{1, 2, 3\}$이다.

② 공역은 $\{a, b, c, d\}$이다.

③ 치역은 $\{a, b, d\}$이다.

④ 일대일대응이다.

13 함수 $y = \dfrac{x-3}{2x+1}$의 정의역은? [5점]

① $\{x \mid x \neq -2$인 실수$\}$

② $\left\{x \mid x \neq -\dfrac{1}{2}$인 실수$\right\}$

③ $\left\{x \mid x \neq \dfrac{1}{3}$인 실수$\right\}$

④ $\{x \mid x \neq 3$인 실수$\}$

14 무리식 $\dfrac{2}{\sqrt{x+2}-\sqrt{x}}$ 를 간단히 한 것은? [5점]

① $\sqrt{x+2}+\sqrt{x}$ ② $\sqrt{x+2}-\sqrt{x}$

③ $\sqrt{x+2}$ ④ $\sqrt{x-2}$

15 등식 $_nP_2=20$을 만족시키는 자연수 n의 값은? [5점]

① 3   ② 4

③ 5   ④ 6

16 6명의 학생 중에서 대표 3명을 뽑는 경우의 수는?

[5점]

① 6   ② 12

③ 15   ④ 20

서답형 1

부등식 $|2x-1|>3$의 해가 $x<a$ 또는 $x>b$일 때, $a+b$ 의 값을 구하시오. [5점]

서답형 2 창의

다음은 뉴욕에 온 학생들의 대화이다.

지금 미국의 뉴욕 날씨가 화씨온도 68 °F래.

뭐라고? 뉴욕 사람들 모두 통닭 되겠네!

온도를 나타낼 때에는 섭씨온도와 화씨온도를 사용해. 섭씨온도 0 °C는 화씨온도 32 °F이고, 섭씨온도 100 °C는 화씨온도 212 °F야.

섭씨온도를 x °C, 화씨온도를 y °F라 하면 상수 a, b에 대하여 $y=ax+b$의 함수의 식이 성립할 때, 이 함수의 식을 구하시오. [5점]

서답형 3

단어 'remember'에 들어 있는 알파벳으로 이루어진 집합을 A라 할 때, $n(A)$의 값을 구하시오. [5점]

서답형 4 신경향

다음은 리처드 도킨스가 1976년에 발표한 책 "이기적 유전자"의 내용 중에서 일부를 따온 것이다. 물음에 답하시오. [5점]

> ……(생략)……
> 물론 자기가 직접 전체 개체군 내 이용 가능한 유전자 풀로부터 유전자를 선택할 수 없다.
> 항상 ⊙ 모든 유전자는 개개의 생존 기계 속에 구속되어 있다. 유전자는 우리가 수태될 때 할당받는 것이므로, 이에 대하여 우리가 할 수 있는 것은 아무것도 없다.
> ……(생략)……
> ⓛ 어떤 사람들은 진화를 지나치게 유전자 중심으로 생각하는 것에 반대한다. 그들의 말에 따르면 실제로 살거나 죽거나 하는 것은 결국 유전자 전부를 지닌 개체다.

(1) 문장 ⊙의 부정을 말하시오. [2점]

(2) 문장 ⓛ의 부정을 말하시오. [3점]

1 복소수 $z=(1+i)a^2+(a-2)i-1$이 0이 아닌 실수일 때, 실수 a의 값은? [4점]

① -2 ② -1 ③ 0

④ 1 ⑤ 2

2 다음은 도준이가 조립제법을 이용하여 다항식 x^3+2x^2-x+5를 $x-a$로 나누었을 때의 몫과 나머지를 구하는 과정이다.

상수 a, b에 대하여 ab의 값은? [4점]

① -14 ② -7 ③ 7

④ 14 ⑤ 21

3 다항식 $(2x+1)^3(x-2)$의 전개식에서 x^2의 계수는? [4점]

① -18 ② -16 ③ -14

④ -12 ⑤ -10

4 두 점 $A(a, 2)$, $B(4, b)$에 대하여 선분 AB를 $3:2$로 외분하는 점의 좌표가 $(2, 5)$일 때, $a+b$의 값은? [4점]

① 2 ② 4 ③ 6

④ 8 ⑤ 10

융합

5 이차방정식 $x^2+ax+b=0$의 근을 구하는데, 주영이는 일차항의 계수를, 희수는 상수항을 잘못 보고 다음과 같이 근을 구하였다.

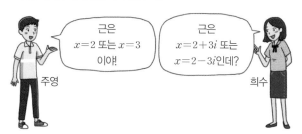

근은
$x=2$ 또는 $x=3$
이야!

주영

근은
$x=2+3i$ 또는
$x=2-3i$인데?

희수

상수 a, b에 대하여 $a+b$의 값은? [4점]

① 1   ② 2   ③ 3
④ 4   ⑤ 5

6 $-2 \leq x \leq 2$에서 이차함수 $f(x)=x^2+4x-2k$의 최솟값이 -6일 때, 최댓값은? (단, k는 상수) [4점]

① 2   ② 4   ③ 6
④ 8   ⑤ 10

7 삼차방정식 $x^3-6x^2+ax+10=0$의 한 근이 2일 때, 나머지 두 근의 합은? (단, a는 상수) [4점]

① 2   ② 4   ③ 6
④ 8   ⑤ 10

학업성취도 평가 1회

8 다음은 일차항의 계수가 짝수인 이차방정식 $ax^2+2b'x+c=0$의 근을 간단히 판별하는 방법에 대하여 설명한 것이다.

> 이차방정식 $ax^2+2b'x+c=0$의 판별식을 D라 하면
>
> $D=4(\boxed{})$
>
> 이때 $\boxed{}$의 부호는 판별식 D의 부호와 일치 하므로 $\boxed{}$의 부호로도 이차방정식 $ax^2+2b'x+c=0$의 근을 판별할 수 있다.

빈칸에 공통으로 들어갈 알맞은 식은? [4점]

(단, a, b', c는 실수)

① $b'-ac$ ② $b'-4ac$ ③ b'^2-ac

④ b'^2-4ac ⑤ $4b'^2-ac$

9 점 $(0, 5)$에서 직선 $x-2y=0$에 내린 수선의 발을 H라 할 때, 점 H의 좌표는? [4점]

① $(1, 2)$ ② $(1, 4)$ ③ $(1, 6)$

④ $(2, 1)$ ⑤ $(2, 3)$

10 원 $x^2+y^2=4$와 직선 $x-y+k=0$이 접할 때, 상수 k에 대하여 k^2의 값은? [4점]

① 1 ② 2 ③ 4

④ 8 ⑤ 16

11 점 $(2, 5)$를 점 $(5, 2)$로 옮기는 평행이동에 의하여 점 $(4, 3)$으로 옮겨지는 점의 좌표는? [4점]

① $(1, 2)$ ② $(1, 4)$ ③ $(1, 6)$

④ $(2, 1)$ ⑤ $(2, 3)$

12 두 집합
$$A = \{1, 2, 7\}, \; B = \{1, 2, 3, 4, 5, 6\}$$
에 대하여 $(B - A) \subset X \subset B$를 만족시키는 집합 X의 개수는? [4점]

① 2   ② 4   ③ 8

④ 16   ⑤ 32

13 다음 중 참인 명제를 보기에서 있는 대로 고른 것은? [4점]

┌ 보기 ┐
ㄱ. 임의의 실수 x에 대하여 $x = |x|$이다.
ㄴ. 어떤 직사각형은 정사각형이다.
ㄷ. 모든 실수 x에 대하여 $x^2 + 1 > 0$이다.
ㄹ. 어떤 실수 x에 대하여 $x^2 \leq 0$이다.
└────────────────────┘

① ㄱ, ㄴ   ② ㄱ, ㄷ   ③ ㄴ, ㄷ

④ ㄱ, ㄴ, ㄷ   ⑤ ㄴ, ㄷ, ㄹ

학업성취도 평가 1회

14 다음은 부등식 $|a|+|b| \geq |a+b|$ 를 증명하는 과정이다. (가), (나)에 알맞은 것은? [4점]

> $|a|+|b| \geq 0$, $|a+b| \geq 0$ 이므로
>
> $(|a|+|b|)^2 \geq \boxed{(가)}^2$ 임을 보이면 된다.
>
> $(|a|+|b|)^2 - \boxed{(가)}^2$
>
> $= |a|^2 + 2|a||b| + |b|^2 - (a+b)^2$
>
> $= 2(|ab| - ab)$
>
> 그런데 $|ab| \geq ab$ 이므로 $2(|ab| - ab) \geq 0$
>
> 따라서 $(|a|+|b|)^2 \geq |a+b|^2$ 이므로
>
> $|a|+|b| \geq |a+b|$
>
> (단, 등호는 $|ab| = ab$, 즉 $\boxed{(나)}$ 일 때 성립)

	(가)	(나)
①	$|a+b|$	$ab \geq 0$
②	$|a+b|$	$ab > 0$
③	$|a+b|$	$ab \leq 0$
④	$|a-b|$	$ab \geq 0$
⑤	$|a-b|$	$ab > 0$

15 두 집합 $X = \{0, 1\}$, $Y = \{1, 2, 3\}$ 에 대하여 X 에서 Y 로의 함수인 것을 보기에서 있는 대로 고른 것은?

[4점]

> ┤보기├
>
> ㄱ. $f(x) = x^2 + 2$ ㄴ. $f(x) = |x| + 3$
>
> ㄷ. $f(x) = x^2 - 1$ ㄹ. $f(x) = 2$

① ㄱ   ② ㄱ, ㄹ   ③ ㄴ

④ ㄴ, ㄹ   ⑤ ㄱ, ㄷ, ㄹ

16 함수 $f(x) = ax - 4$ 가 $f^{-1}(2) = 3$ 을 만족시킬 때, 상수 a 의 값은? [4점]

① 1   ② 2   ③ 3

④ 4   ⑤ 5

신유형

17 농도가 $20\,\%$인 소금물 $100\,\mathrm{g}$에 물 $x\,\mathrm{g}$을 더 넣을 때, 물을 더 넣은 후 소금물의 농도 $y\,\%$에 대한 식으로 옳은 것은? (단, $x \geq 0$) [4점]

① $y = \dfrac{1}{x+20}$　　② $y = \dfrac{10}{x+20}$

③ $y = \dfrac{20}{x+100}$　　④ $y = \dfrac{2000}{x+100}$

⑤ $y = \dfrac{100}{x+2000}$

18 오른쪽 그림과 같이 가로 방향의 평행선 4개와 세로 방향의 평행선 6개가 서로 만나고 있다. 이들 평행선으로 만들 수 있는 평행사변형의 개수는? [4점]

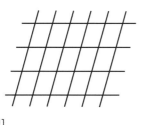

① 24　　② 45　　③ 56

④ 72　　⑤ 90

창의

19 다음 그림은 줄에 의지해 새처럼 하늘을 나는 놀이 기구이다. 이 놀이 기구를 타고 한 번 왕복하여 출발한 자리로 되돌아오는 데 걸리는 시간을 y초, 줄의 길이를 $x\,\mathrm{m}$라 하면

$$y = 2\pi\sqrt{\dfrac{x}{9.8}}$$

인 관계가 성립한다.

줄의 길이가 $9.8\,\mathrm{m}$일 때보다 한 번 왕복하는 데 걸리는 시간을 2배로 늘리려 할 때, 줄의 길이는? [4점]

① $9.8\,\mathrm{m}$　　② $19.6\,\mathrm{m}$　　③ $29.4\,\mathrm{m}$

④ $39.2\,\mathrm{m}$　　⑤ $49\,\mathrm{m}$

서답형 **1** 융합

다음은 진형이가 조립제법을 이용하여 다항식 $4x^3+3x-1$ 을 $2x-1$로 나누었을 때의 몫과 나머지를 나타낸 것이다.

진형이의 풀이 과정에서 <u>잘못된</u> 부분을 찾고, 바르게 푸시오. [5점]

서답형 **2** 코딩

다음 대화를 읽고, 컴퓨터 프로그램에 처음 입력한 수를 구하시오. [5점]

서답형 3 신경향

다음 그림은 놀이공원의 놀이 기구인 원형 전망대를 좌표 평면 위에 나타낸 것이다. 전망대의 중심에서 지면까지의 거리가 11 m일 때, 물음에 답하시오. [5점]

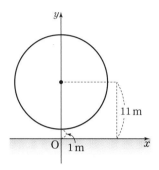

(1) 원형 전망대를 나타내는 원의 방정식을 구하시오. [2점]

(2) 원형 전망대의 최고 높이를 구하시오. [3점]

서답형 4 창의

두 집합 A, B에 대하여 $A \not\subset B$이지만 $B \subset A$이면 음악실 청소를 면제해 주기로 하였다. 다음과 같이 두 집합 A, B를 고른 세 사람 중에서 음악실 청소를 면제 받는 사람을 찾으시오. [5점]

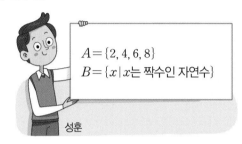

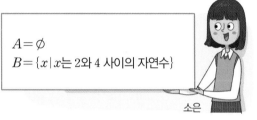

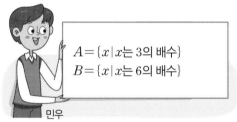

서답형 5

0, 1, 2, 3, 4, 5의 숫자가 각각 적힌 6장의 카드 중에서 서로 다른 5장을 뽑아 만들 수 있는 다섯 자리의 자연수 중 5의 배수이지만 2의 배수가 아닌 수의 개수를 구하시오. [4점]

1 다음 중 식의 전개를 <u>잘못한</u> 사람을 있는 대로 고른 것은? [4점]

다현
$$(x+2)(x-2)=x^2-4$$

지환
$$(2x-y)^3=8x^3-6x^2y+12xy^2-y^3$$

유진
$$(x-3)(x^2+3x+9)=x^3-27$$

승기
$$(x-y-z)^2=x^2+y^2+z^2-2xy+2yz-2zx$$

① 다현　　　② 지환　　　③ 유진

④ 다현, 승기　⑤ 지환, 승기

2 다음 중 다항식 $(x^2-3x)^2-14(x^2-3x)+40$의 인수가 적힌 카드를 들고 있지 <u>않은</u> 사람은? [4점]

① 은수　　　② 영은　　　③ 정우

④ 시후　　　⑤ 유리

3 등식 $(2+4i)-\overline{(1-3i)}=a+bi$를 만족시키는 실수 a, b에 대하여 $a+b$의 값은? [4점]

① 1   ② 2   ③ 3

④ 4   ⑤ 5

4 이차방정식 $x^2+4x-1=0$의 두 근을 α, β라 할 때, 다음 중 옳지 <u>않은</u> 것은? [4점]

① $\alpha+\beta=-4$ ② $\alpha\beta=-1$

③ $\alpha^2+\beta^2=18$ ④ $\dfrac{1}{\alpha}+\dfrac{1}{\beta}=-4$

⑤ $\dfrac{\beta}{\alpha}+\dfrac{\alpha}{\beta}=-18$

5 이차함수 $y=x^2-9x-10$의 그래프와 직선 $y=-4x+4$의 교점의 좌표가 될 수 있는 것은?

[4점]

① $(-2,12)$ ② $(-1,8)$

③ $(0,4)$ ④ $(1,0)$

⑤ $(2,-4)$

6 이차함수 $y=x^2-2x+1$의 그래프와 직선 $y=-x+k$가 서로 다른 두 점에서 만날 때, 실수 k의 값의 범위는? [4점]

① $k>0$ ② $k>\dfrac{1}{4}$ ③ $k>\dfrac{1}{2}$

④ $k>\dfrac{3}{4}$ ⑤ $k>1$

창의

7 남학생 2명과 여학생 2명이 함께 놀이공원에서 한 줄에 2개의 의자가 있고, 모두 2줄로 된 놀이 기구를 타려고 한다. 남학생 1명과 여학생 1명이 짝을 지어 2명씩 같은 줄에 앉는 경우의 수는? [4점]

① 8   ② 12   ③ 16
④ 20   ⑤ 24

8 두 점 $A(a, 5)$, $B(1, b)$를 이은 선분 AB를 $2 : 1$로 외분하는 점의 좌표가 $(-1, -7)$일 때, 선분 AB의 중점의 좌표는? [4점]

① $(0, 4)$ ② $(1, 3)$ ③ $(2, 2)$
④ $(3, 1)$ ⑤ $(4, 0)$

9 중심의 좌표가 $(3, a)$이고 반지름의 길이가 1인 원의 방정식이 $(x+b)^2+(y+2)^2=c$일 때, 상수 a, b, c에 대하여 $a+b+c$의 값은? [4점]

① -4 ② -2 ③ 0
④ 2 ⑤ 4

10 원 $x^2+y^2=25$ 위의 점 $(-3, 4)$에서의 접선의 방정식이 점 $(1, a)$를 지날 때, a의 값은? [4점]

① 1   ② 3   ③ 5

④ 7   ⑤ 9

11 점 $(0, 0)$을 점 $(-1, 4)$로 옮기는 평행이동에 의하여 직선 $2x-y+4=0$이 옮겨진 직선을 l이라 할 때, x축, y축 및 직선 l로 둘러싸인 삼각형의 넓이는? [4점]

① 15   ② 20   ③ 25

④ 30   ⑤ 35

12 오지 탐험대 회원 30명 중에서 남극에 다녀온 회원은 19명, 에베레스트산에 다녀온 회원은 12명, 두 곳 중 어느 곳도 다녀오지 않은 회원은 6명이다. 이때 남극 또는 에베레스트산에 다녀온 회원 수는? [4점]

① 20   ② 22   ③ 24

④ 26   ⑤ 28

신경향

13 한쪽에는 동물 그림이 있고, 다른 쪽에는 숫자가 쓰여 있는 카드가 '카드의 한쪽에 홀수가 쓰여 있으면 다른 쪽에는 새 그림이 그려져 있다.'라는 규칙을 따른다고 할 때, 다음과 같이 놓여 있는 카드가 규칙에 맞는지 확인하려고 한다. 확인이 필요한 최소한의 카드의 수는? [4점]

① 1 ② 2 ③ 3
④ 4 ⑤ 5

14 오른쪽 그림은 전체집합 U에 대하여 세 조건 p, q, r의 진리집합 P, Q, R 사이의 포함 관계를 벤다이어그램으로 나타낸 것이다. 다음 중 참인 명제는? [4점]

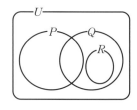

① $p \longrightarrow q$ ② $q \longrightarrow r$ ③ $\sim q \longrightarrow p$
④ $r \longrightarrow \sim p$ ⑤ $\sim p \longrightarrow \sim r$

15 두 집합 $X=\{x \mid -1 \leq x \leq 3\}$, $Y=\{y \mid 1 \leq y \leq 9\}$에 대하여 X에서 Y로의 함수 $f(x)=ax+b$가 일대일대응일 때, 상수 a, b에 대하여 $a+2b$의 값은? (단, $a>0$) [4점]

① 0 ② 2 ③ 4
④ 6 ⑤ 8

16 함수 $f(x)=ax+b$에 대하여 $(f \circ f)(0)=-1$, $f^{-1}(1)=0$일 때, $f(-1)$의 값은? (단, a, b는 상수)

[4점]

① 1   ② 2   ③ 3

④ 4   ⑤ 5

18 다음 보기의 이차부등식 중 해가 존재하지 <u>않는</u> 것을 있는 대로 고른 것은? [4점]

┌ 보기 ├─────────────────────────
ㄱ. $3x^2-6x+4 \leq 0$ ㄴ. $x^2-4x+4 \leq 0$

ㄷ. $x^2-2x-3>0$ ㄹ. $x^2-3x+3<0$
─────────────────────────────

① ㄱ, ㄴ   ② ㄱ, ㄷ   ③ ㄱ, ㄹ

④ ㄴ, ㄷ   ⑤ ㄴ, ㄹ

창의

17 현관문 비밀번호를 다섯 자리로 설정하려고 한다. 다음 규칙이 모두 성립하도록 비밀번호를 설정하는 방법의 수는? [4점]

〈규칙 1〉
7개의 숫자 1, 2, 3, 4, 5, 6, 7 중에서 서로 다른 5개를 사용한다.

〈규칙 2〉
각 자리에 짝수 3개와 홀수 2개를 교대로 사용한다.

① 16   ② 24   ③ 32

④ 48   ⑤ 72

19 연립부등식 $\begin{cases} 3x-4<5 \\ x>a \end{cases}$ 를 만족시키는 정수 x의 값

이 오직 하나뿐일 때, 실수 a의 값의 범위는? [4점]

① $a<0$ ② $0 \le a<1$

③ $1 \le a<2$ ④ $2 \le a<3$

⑤ $a \ge 3$

서답형 1

다항식 $f(x)$를 $x-1$로 나누었을 때의 나머지가 5이고, $x-2$로 나누었을 때의 나머지가 3일 때, $f(x)$를 $(x-1)(x-2)$로 나누었을 때의 나머지를 구하시오. [5점]

서답형 2 창의

불꽃놀이를 하기 위해 지면으로부터 폭죽을 쏘아 올리는데, 폭죽을 쏘고 나서 t초 후의 폭죽의 높이를 y m라 하면
$$y=-20t^2+60t$$
의 관계가 성립한다. 쏘고 난 후 2초가 지나면 폭죽이 터진다고 할 때, 이 폭죽은 최대 몇 m까지 올라가는지 구하시오. [5점]

서답형 3 〔창의〕

원 $(x+1)^2+(y-2)^2=9$ 위를 움직이는 점 P와 직선 $4x-3y-10=0$ 사이의 거리의 최댓값과 최솟값을 구하는 풀이 과정과 답을 쓰시오. [5점]

서답형 4

함수 $y=\sqrt{x}$의 그래프와 직선 $y=x+k$의 위치 관계가 실수 k의 값 또는 k의 값의 범위에 따라 다음과 같다.

① 만나지 않는다. ➡ $k>$ (가)

② 한 점에서 만난다. ➡ $k=\dfrac{1}{4}$ 또는 $k<$ (나)

③ 서로 다른 두 점에서 만난다. ➡ (다) $\leq k<\dfrac{1}{4}$

(가), (나), (다)에 들어갈 알맞은 수를 구하시오. [5점]

서답형 5 〔신유형〕

다음 수학 이야기를 읽고, 대응 f가 일대일함수가 되려면 각 주머니에 구슬을 어떻게 넣어야 하는지 설명하고, 일대일함수 f의 개수를 구하시오. [4점]

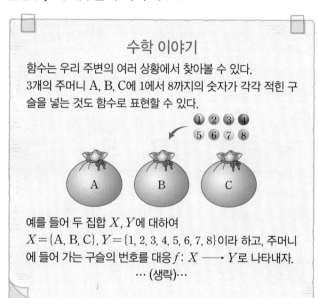

수학 이야기

함수는 우리 주변의 여러 상황에서 찾아볼 수 있다.

3개의 주머니 A, B, C에 1에서 8까지의 숫자가 각각 적힌 구슬을 넣는 것도 함수로 표현할 수 있다.

예를 들어 두 집합 X, Y에 대하여

$X=\{A, B, C\}$, $Y=\{1, 2, 3, 4, 5, 6, 7, 8\}$이라 하고, 주머니에 들어 가는 구슬의 번호를 대응 $f: X \longrightarrow Y$로 나타내자.

… (생략)…

학업성취도 평가 2회

1 등식 $(x-1)^2=(x-2)^2+a(x-2)+b$가 모든 실수 x에 대하여 성립할 때, 상수 a, b에 대하여 ab의 값은? [4점]

① 1　　　② 2　　　③ 3

④ 4　　　⑤ 5

3 삼차방정식 $x^3-2x^2+3x+5=0$의 세 근을 α, β, γ 라 할 때, $\dfrac{1}{\alpha\beta}+\dfrac{1}{\beta\gamma}+\dfrac{1}{\gamma\alpha}$의 값은? [4점]

① $-\dfrac{3}{2}$　　　② $-\dfrac{2}{5}$　　　③ 0

④ $\dfrac{2}{5}$　　　⑤ $\dfrac{3}{2}$

2 $f(x)=x^3-9x^2+23x-15$일 때, $f(11)$의 값은?

[4점]

① 440　　　② 460　　　③ 480

④ 500　　　⑤ 520

4 등식 $(2x-i)(1-3i)=3+yi$를 만족시키는 실수 x, y에 대하여 $x+y$의 값은? [4점]

① -16　　　② -8　　　③ 0

④ 8　　　⑤ 16

5 이차방정식 $x^2+(k-1)x+6=0$의 한 근이 -3이고 다른 한 근을 α라 할 때, $k+2\alpha$의 값은? [4점]

① 0   ② 2   ③ 4

④ 6   ⑤ 8

7 이차부등식 $x^2-ax+b\leq0$의 해가 $-2\leq x\leq3$일 때, 상수 a, b에 대하여 $a+b$의 값은? [4점]

① -10 ② -5 ③ 0

④ 5   ⑤ 10

6 다음 그림과 같이 이차함수 $y=ax^2-x-1$의 그래프와 직선 $y=bx+1$이 서로 다른 두 점에서 만날 때, 0이 아닌 상수 a, b에 대하여 $a+b$의 값은? [4점]

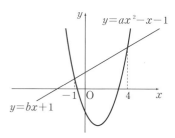

① 1   ② 2   ③ 3

④ 4   ⑤ 5

창의

8 다음 그림과 같이 해안에 있는 직선도로 AB와 섬의 P 지점을 잇는 직선 다리를 만들려고 한다. 다리 길이의 최솟값은? [4점]

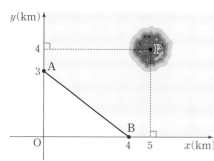

① $\dfrac{11}{5}$ km   ② $\dfrac{13}{5}$ km

③ 3 km   ④ $\dfrac{17}{5}$ km

⑤ $\dfrac{19}{5}$ km

창의

9 다음은 어느 문화센터의 수강생 모집 포스터이다. 토요일 강좌는 적어도 하나 꼭 신청하여 배우려고 할 때, 신청할 수 있는 경우의 수는? [4점]

문화센터 수강생 모집
- 수강 기간: 6월 1일~8월 31일
- 신청 자격: ○○동 주민
- 접수 장소: ○○동 주민자치센터 2층
- 강좌 소개

강좌명	대상	요일	인원 수(명)
수영	초급반	월, 수, 금	30
비즈 공예	초급반	화, 금	10
영어 회화	중급반	수, 토	20
밸리 댄스	초급반	화, 목	10
통기타	초급반	토	15
댄스 스포츠	중급반	월, 금	15

① 16　　　　② 24　　　　③ 32
④ 48　　　　⑤ 64

10 두 점 $A(-1, -2)$, $B(3, a)$를 이은 선분 AB를 $1:3$으로 내분하는 점 P의 y좌표가 0일 때, 상수 a의 값은? [4점]

① -6　　　　② -4　　　　③ -2
④ 4　　　　⑤ 6

11 함수 $y=\dfrac{k}{x}$의 그래프를 x축의 방향으로 -3만큼, y축의 방향으로 2만큼 평행이동한 그래프가 점 $(-2, 4)$를 지날 때, k의 값은? [4점]

① 1　　　　② 2　　　　③ 3
④ 4　　　　⑤ 5

12 다음은 명제 'n이 자연수일 때, n^2이 짝수이면 n도 짝수이다.'가 참임을 대우를 이용하여 증명한 것이다.

┌ 증명 ┐

주어진 명제의 대우는 'n이 자연수일 때, n이 홀수이면 n^2도 홀수이다.'이다.

n이 (가) 이면

$n=2k+1$ (k는 음이 아닌 정수)

로 나타낼 수 있으므로

$n^2=(2k+1)^2=2(\boxed{\text{(나)}})+1$

이때 (나) 는 음이 아닌 정수이므로 n^2은 (가)

이다.

따라서 주어진 명제의 대우가 (다) 이므로 주어진 명제는 참이다.

위의 과정에서 (가), (나), (다)에 알맞은 것은? [4점]

	(가)	(나)	(다)
①	짝수	$2k^2+2k$	참
②	짝수	k^2+k	거짓
③	홀수	$2k^2+2k$	참
④	홀수	$2k^2+2k$	거짓
⑤	홀수	k^2+k	참

창의

13 어떤 초콜릿 가게에서는 그 날 만든 초콜릿을 반으로 나누어 각각 A, B 공정을 거쳐 2종류로 포장한다.

	A 공정	B 공정
방법	초콜릿을 x개씩 넣은 작은 상자를 x개 넣어 3개의 큰 상자를 만든다.	초콜릿을 $(x-1)$개씩 넣은 작은 상자를 $(x-2)$개씩 넣어 3개의 큰 상자를 만든다.
남는 초콜릿	초콜릿을 모두 사용하여 남지 않는다.	작은 상자 a개와 낱개의 초콜릿 b개가 남는다.

자연수 a, b에 대하여 ab의 값은? [4점]

① 18   ② 21   ③ 24
④ 27   ⑤ 30

14 집합 $X=\{-1, 3\}$을 정의역으로 하는 두 함수

$$f(x)=x^2-3x+2, \; g(x)=ax+b$$

에 대하여 $f=g$일 때, 상수 a, b에 대하여 ab의 값은? [4점]

① -5 ② -3 ③ 1

④ 3 ⑤ 5

15 함수 $f(x)=ax+b$에 대하여

$$f^{-1}(-1)=2, \; f^{-1}(5)=-1$$

일 때, 상수 a, b에 대하여 $a+b$의 값은? [4점]

① 1 ② 3 ③ 5

④ 7 ⑤ 9

융합

16 다음 중 직선과 원을 평행이동하였을 때 변하지 않는 성질이 적혀 있는 카드를 들고 있는 사람을 있는 대로 고른 것은? [4점]

① 채아, 하나   ② 채아, 태준

③ 태준, 예성   ④ 하나, 예성, 수연

⑤ 채아, 하나, 예성

17 수면으로부터 15 m
높이에 위치한 배의
발사대에서 비스듬히
위쪽으로 포탄을 발사
하였더니 포탄이 이차
함수의 그래프 모양을
그리며 날아가다가 수면 위에 있는 부표를 명중하였
다. 발사된 포탄의 t초 후의 수면으로부터의 높이를
y m라 하면

$$y = -5t^2 + 10t + 15$$

의 관계가 성립한다. 배에서 발사된 포탄의 수면으
로부터의 높이가 최대가 될 때, 그 높이는? [4점]

① 20 m   ② 25 m   ③ 30 m
④ 35 m   ⑤ 40 m

18 함수 $y = \sqrt{1-x}$의 그래프와 직선 $y = -x + k$가 서
로 다른 두 점에서 만날 때, 실수 k의 값의 범위는?

[4점]

① $-1 \le k < \dfrac{1}{4}$ ② $-1 \le k < \dfrac{5}{4}$

③ $\dfrac{1}{4} \le k < 1$ ④ $\dfrac{3}{4} \le k < 1$

⑤ $1 \le k < \dfrac{5}{4}$

19 단어 'action'에서 모음 2개와 자음 2개를 뽑아 4개
의 문자를 일렬로 배열할 때, 모음끼리 이웃하게 배
열하는 경우의 수는? [4점]

① 36   ② 54   ③ 72
④ 108   ⑤ 216

서답형 **1** 코딩

다음 대화를 읽고, 물음에 답하시오. [5점]

(1) 암호 두 수를 x, y라 할 때, 연립방정식을 세우시오.
[1점]

(2) (1)에서 세운 연립방정식을 푸시오. [2점]

(3) 입력할 암호를 차례로 구하시오. [2점]

서답형 **2** 창의

다음 그림은 둘레가 원 모양인 공원을 분수대를 원점으로 하는 좌표평면 위에 나타낸 것이다. 물음에 답하시오. [5점]

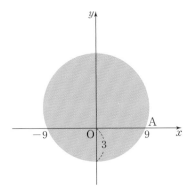

(1) 원 모양의 공원의 중심과 반지름의 길이를 구하시오.
[3점]

(2) 이 공원의 둘레를 나타내는 원의 방정식을 구하시오.
[2점]

● 정답과 해설 **88쪽**

서답형 3

전체집합 $U = \{0, 1, 2, 3, 4, 5, 6\}$에서 두 조건

$$p : |x-2| \leq 2, \quad q : x^2 - x \neq 0$$

의 진리집합을 각각 P, Q라 할 때, $P^C \cap Q$를 구하는 풀이 과정과 답을 쓰시오. [5점]

서답형 4

다음은 명제 '$\sqrt{2}$는 무리수이다.'를 귀류법을 이용하여 증명하는 과정이다. (가), (나), (다)에 알맞은 것을 구하시오. [5점]

$\sqrt{2}$가 ☐(가) 라 가정하면

$\sqrt{2} = \dfrac{q}{p}$ (단, p, q는 서로소인 자연수)

로 나타낼 수 있다.

$\sqrt{2} = \dfrac{q}{p}$의 양변을 제곱하면

$2 = \dfrac{q^2}{p^2}$이므로 $q^2 = 2p^2$ ...... ㉠

즉, q^2은 ☐(나) 이므로 q도 짝수이다.

$q = 2k$ (k는 자연수)로 놓고

㉠에 대입하면 $4k^2 = 2p^2$ $\therefore p^2 = 2k^2$

즉, p^2은 짝수이므로 p도 짝수이다.

이것은 p, q가 ☐(다) 라는 사실에 모순이다.

따라서 $\sqrt{2}$는 무리수이다.

서답형 5 [창의]

다음 그림은 어느 공원의 산책로를 나타낸 것이다. 같은 곳을 두 번 이상 지나지 않고 조각상에서 공연장으로 가는 경우의 수를 구하시오. [4점]

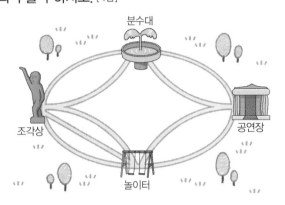

정답과 해설 →→→→

1-2 (1) 2 (2) 3   2-2 ①   3-2 2   4-2 ②
5-2 $x+1$, $x-2$ 6-2 ③

1-2 (1) $A+B=(x^3-3x^2+1)+(2x^3+x^2-x+4)$
$\qquad\qquad =(1+2)x^3+(-3+1)x^2-x+(1+4)$
$\qquad\qquad =3x^3-\boxed{2}x^2-x+5$
(2) $A-B=(x^3-3x^2+1)-(2x^3+x^2-x+4)$
$\qquad\qquad =(1-2)x^3+(-3-1)x^2+x+(1-4)$
$\qquad\qquad =-x^3-4x^2+x-\boxed{3}$

2-2 $(3x-2)^3=(3x)^3-3\times(3x)^2\times2+3\times3x\times2^2-2^3$
$\qquad\qquad =27x^3-54x^2+36x-8$

3-2 $A=(x^2-x+2)(x-1)-x+3$
$\qquad =x^3-x^2-x^2+x+2x-2-x+3$
$\qquad =x^3-2x^2+\boxed{2}x+1$

4-2
$$
\begin{array}{r|rrrr}
2 & 2 & 3 & -1 & 1 \\
  &   & 4 & 14 & 26 \\
\hline
  & 2 & 7 & 13 & \boxed{27}
\end{array}
$$
∴ 몫 : $2x^2+7x+13$, 나머지 : 27

5-2 $P(1)=1-3+4=2$
$\qquad P(-1)=-1-3+4=0$
$\qquad P(2)=8-12+4=0$
따라서 $P(x)$의 인수인 것은 $x+1$, $x-2$이다.

6-2 $8x^3-27y^3=(2x)^3-(3y)^3$
$\qquad\qquad =(2x-3y)\{(2x)^2+2x\times3y+(3y)^2\}$
$\qquad\qquad =(2x-3y)(4x^2+6xy+9y^2)$

1-1 $x^2+14x-11$ 1-2 ④   2-1 ③
2-2 ④   3-1 2   3-2 ①   4-1 -1
4-2 -2 5-1 -4 5-2 ②
6-1 (1) $3x(x-2)$ (2) $(2x+5)(x-3)$ 6-2 ③

1-1 $(3A+B)+(A-2B)$
$\quad =4A-B$
$\quad =4(x^2+3x-1)-(3x^2-2x+7)$
$\quad =x^2+14x-11$

1-2 $(A+B)+(B+C)+(C+A)$
$\quad =2(A+B+C)$
$\quad =(3a^2-ab-b^2)+(2a^2+3ab+2b^2)+(a^2-6ab+3b^2)$
$\quad =6a^2-4ab+4b^2$
$\quad \therefore A+B+C=3a^2-2ab+2b^2$

2-1 $(a+1)(a^2-a+1)-(a-1)(a^2+a+1)$
$\quad =(a^3+1^3)-(a^3-1^3)=2$

2-2 ④ $(a^2+a+1)(a^2-a+1)=(a^2+1+a)(a^2+1-a)$
$\qquad\qquad\qquad\qquad\qquad =(a^2+1)^2-a^2$
$\qquad\qquad\qquad\qquad\qquad =a^4+a^2+1$

3-1
$$
\begin{array}{r}
x^2-x+2 \\
2x-1\overline{)\,2x^3-3x^2+5x-7} \\
\underline{2x^3-x^2} \\
-2x^2+5x-7 \\
\underline{-2x^2+x} \\
4x-7 \\
\underline{4x-2} \\
-5
\end{array}
$$
$Q(x)=x^2-x+2$이므로 $Q(1)=1-1+2=2$

3-2
$$
\begin{array}{r}
x^2-x+1 \\
x^2-x-1\overline{)\,x^4-2x^3+x^2-x+1} \\
\underline{x^4-x^3-x^2} \\
-x^3+2x^2-x+1 \\
\underline{-x^3+x^2+x} \\
x^2-2x+1 \\
\underline{x^2-x-1} \\
-x+2
\end{array}
$$
$a=-1$, $b=2$이므로 $a+b=1$

4-1 $3x^2-4x+1=\left(x-\dfrac{1}{3}\right)(3x-3)=(3x-1)(x-1)$

따라서 $Q(x)=x-1, R=0$이므로

$Q(0)+R=-1+0=-1$

4-2
$$4\ \begin{array}{|rrrr} 3 & -11 & -7 & 10 \\ & 12 & 4 & -12 \\ \hline 3 & 1 & -3 & \boxed{-2} \end{array}$$

∴ 몫 : $3x^2+x-3$, 나머지 : -2

따라서 $a=-11, b=-12, c=-3$이므로

$a-b+c=-2$

5-1 $f(x)$가 $2x+1$로 나누어떨어지면 인수정리에 의하여

$f\left(-\dfrac{1}{2}\right)=1-\dfrac{1}{2}a-3=0$　　∴ $a=-4$

5-2 $f(x)$가 $x+3$으로 나누어떨어지면 인수정리에 의하여

$f(-3)=-27+9a+27+9=0$　　∴ $a=-1$

6-1 (1) $2x-1=X, x+1=Y$로 놓으면

$(2x-1)^2-(x+1)^2$

$=X^2-Y^2=(X+Y)(X-Y)$

$=(2x-1+x+1)(2x-1-x-1)$

$=3x(x-2)$

(2) $(x-1)(x+1)+(x+2)(x-3)-8$

$=x^2-1+x^2-x-6-8$

$=2x^2-x-15$

$=(2x+5)(x-3)$

6-2 ③ $27x^3+y^3=(3x)^3+y^3=(3x+y)(9x^2-3xy+y^2)$

---

pp. 11, 13　　　　　　　　　　　　　　　**개념 확인**

1-2 (1) $2, i^2, 0$　(2) $\sqrt{2}i, \sqrt{-1}$　(3) $1-i$	**2-2** ①
3-2 (1) ㉡　(2) ㉢　(3) ㉠	**4-2** ②
5-2 $-3, 1$	**6-2** ②

1-2 (1) 허수단위 i가 없는 것을 찾으면 $2, i^2=-1, 0$

(2) $\sqrt{2}i, \sqrt{-1}=i$

(3) $a+bi\,(a\neq0, b\neq0)$ 꼴을 찾으면 $1-i$

2-2 $\dfrac{1+4i}{2-i}=\dfrac{(1+4i)(2+i)}{(2-i)(2+i)}=\dfrac{2+i+8i+4i^2}{2^2-i^2}$

$=\dfrac{-2+9i}{5}=-\dfrac{2}{5}+\dfrac{9}{5}i$

$a=-\dfrac{2}{5}, b=\dfrac{9}{5}$이므로 $a+b=\dfrac{7}{5}$

3-2 (1) $\alpha+\beta=-\dfrac{-2}{2}=1$

(2) $\alpha\beta=\dfrac{5}{2}$

(3) $\dfrac{1}{\alpha}+\dfrac{1}{\beta}=\dfrac{\alpha+\beta}{\alpha\beta}=\dfrac{1}{\dfrac{5}{2}}=\dfrac{2}{5}$

4-2 $-x^2+x+3=-x+4$, 즉 $x^2-2x+1=0$

이 이차방정식의 판별식을 D라 하면

$\dfrac{D}{4}=(-1)^2-1\times1=0$

따라서 이차함수의 그래프와 직선은 한 점에서 만난다.

5-2 $\begin{cases} x+y=2 & \cdots\cdots ㉠ \\ x^2-xy-y^2=-1 & \cdots\cdots ㉡ \end{cases}$

㉠을 y에 대하여 정리하면 $y=-x+2$　　$\cdots\cdots ㉢$

㉢을 ㉡에 대입하면 $x^2-x(-x+2)-(-x+2)^2=-1$

$x^2+2x-3=0, (x+3)(x-1)=0$

∴ $x=-3$ 또는 $x=1$　　$\cdots\cdots ㉣$

㉣을 ㉢에 대입하여 해를 구하면

$\begin{cases} x=\boxed{-3} \\ y=5 \end{cases}$ 또는 $\begin{cases} x=1 \\ y=\boxed{1} \end{cases}$

6-2 $y=x^2+2x-8$이라 하면

$y=x^2+2x-8$
$\quad=(x+4)(x-2)$

이므로 이차함수의 그래프
는 오른쪽 그림과 같이 x축

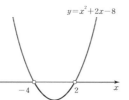

과 두 점 $(-4,0)$, $(2,0)$에서 만난다. 이때 주어진 부등식
의 해는 그래프에서 $y>0$인 x의 값의 범위이므로
$x<-4$ 또는 $x>2$

3-2 $\alpha+\beta=-\dfrac{-2}{1}=2$, $\alpha\beta=\dfrac{-1}{1}=-1$

$\therefore (\alpha+1)(\beta+1)=\alpha\beta+(\alpha+\beta)+1=-1+2+1=2$

4-1 $x^2-x+k=4x-2$, 즉 $x^2-5x+k+2=0$

이 이차방정식의 판별식을 D라 하면

$D=(-5)^2-4\times(k+2)>0$, $4k<17$ $\quad\therefore k<\dfrac{17}{4}$

4-2 $x^2-x+3=x+2k$, 즉 $x^2-2x+3-2k=0$

이 이차방정식의 판별식을 D라 하면

$\dfrac{D}{4}=(-1)^2-(3-2k)<0$, $2k<2$ $\quad\therefore k<1$

---

pp. 14, 15		교과서 체크
1-1 $x=4, y=-1$	**1-2** ③	**2-1** ③
2-2 ④	**3-1** $\dfrac{16}{3}$	**3-2** ②	**4-1** $k<\dfrac{17}{4}$
4-2 ①	**5-1** $x=\pm1$, $x=\pm\sqrt{2}i$	**5-2** ②
6-1 $a=-4, b=6$		**6-2** $k>1$

1-1 $(2-i)(x+yi)=2x+2yi-xi-yi^2$
$\qquad\qquad\qquad\quad=2x+y+(-x+2y)i=7-6i$

에서 $2x+y=7$, $-x+2y=-6$

두 식을 연립하여 풀면 $x=4$, $y=-1$

1-2 $\dfrac{x}{1-i}+\dfrac{y}{1+i}=\dfrac{x(1+i)+y(1-i)}{(1-i)(1+i)}$
$\qquad\qquad\qquad=\dfrac{x+y+(x-y)i}{2}=4+5i$

에서 $x+y=8$, $x-y=10$

두 식을 연립하여 풀면 $x=9$, $y=-1$

$\therefore x^2-y^2=81-1=80$

2-1 ③ $(3+2i)(4-3i)=12-9i+8i-6i^2=18-i$

2-2 $\dfrac{1}{\alpha}+\dfrac{1}{\beta}=\dfrac{1}{1+i}+\dfrac{1}{1-i}=\dfrac{(1-i)+(1+i)}{(1+i)(1-i)}=\dfrac{2}{2}=1$

3-1 $\alpha+\beta=-\dfrac{6}{3}=-2$, $\alpha\beta=-\dfrac{2}{3}$

$\therefore \alpha^2+\beta^2=(\alpha+\beta)^2-2\alpha\beta=4+\dfrac{4}{3}=\dfrac{16}{3}$

5-1 $x^2+1=X$로 놓으면

$X^2-X=2$, $X^2-X-2=0$

$(X+1)(X-2)=0$ $\quad\therefore X=-1$ 또는 $X=2$

(i) $X=-1$일 때, $x^2+1=-1$ $\quad\therefore x=\pm\sqrt{2}i$

(ii) $X=2$일 때, $x^2+1=2$ $\quad\therefore x=\pm1$

5-2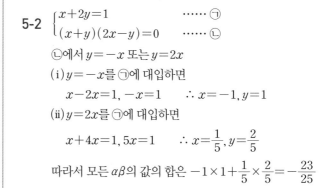
$\begin{cases} x+2y=1 & \cdots\cdots\ \text{㉠} \\ (x+y)(2x-y)=0 & \cdots\cdots\ \text{㉡} \end{cases}$

㉡에서 $y=-x$ 또는 $y=2x$

(i) $y=-x$를 ㉠에 대입하면

$\quad x-2x=1$, $-x=1$ $\quad\therefore x=-1$, $y=1$

(ii) $y=2x$를 ㉠에 대입하면

$\quad x+4x=1$, $5x=1$ $\quad\therefore x=\dfrac{1}{5}$, $y=\dfrac{2}{5}$

따라서 모든 $\alpha\beta$의 값의 합은 $-1\times1+\dfrac{1}{5}\times\dfrac{2}{5}=-\dfrac{23}{25}$

6-1 이차함수의 그래프는 오른쪽
그림과 같이 x축과 두 점
$(-4,0)$, $(6,0)$에서 만난다.
이때 주어진 부등식의 해는
그래프에서 $y<0$인 x의 값
의 범위이므로 $-4<x<6$
$\therefore a=-4$, $b=6$

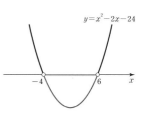

6-2 이차방정식 $x^2+2x+k=0$의 판별식을 D라 하면

$$\frac{D}{4}=1^2-k<0 \qquad \therefore k>1$$

6-2 평행한 두 직선의 기울기는 같으므로

$y=mx\pm r\sqrt{m^2+1}$에서 $m=2, r=1$

$$\therefore y=2x\pm 1\times\sqrt{2^2+1}=2x\pm\sqrt{5}$$

---

pp. 17, 19			개념 확인
1-2 (1) 10 (2) 13		2-2 (1) (2, 1) (2) $(-22, 1)$	
3-2 ②	4-2 ③	5-2 (가) 2 (나) -4 (다) 4	
6-2 ③			

1-2 (1) $\overline{AB}=\sqrt{(-4-2)^2+\{6-(-2)\}^2}=\sqrt{100}=\boxed{10}$

(2) $\overline{OA}=\sqrt{5^2+12^2}=\sqrt{169}=\boxed{13}$

2-2 (1) 점 P의 좌표를 (x, y)라 하면

$$x=\frac{2\times 8+3\times(-2)}{2+3}=2, \; y=\frac{2\times 1+3\times 1}{2+3}=1$$

따라서 점 P의 좌표는 $(2, 1)$

(2) 점 Q의 좌표를 (x, y)라 하면

$$x=\frac{2\times 8-3\times(-2)}{2-3}=-22, \; y=\frac{2\times 1-3\times 1}{2-3}=1$$

따라서 점 Q의 좌표는 $(-22, 1)$

3-2 x절편이 1, y절편이 2인 직선의 방정식은

$$\frac{x}{1}+\frac{y}{2}=1, \; 2x+y=2$$

$$\therefore y=-2x+2$$

4-2 구하는 원의 중심을 $C(a, b)$라 하면 점 C는

$$a=\frac{0+2}{2}=1, \; b=\frac{-3+1}{2}=-1 \qquad \therefore C(1, -1)$$

반지름의 길이는 선분 AC의 길이와 같으므로

$$\overline{AC}=\sqrt{(1-0)^2+(-1-1)^2}=\sqrt{5}$$

따라서 구하는 원의 방정식은

$$(x-1)^2+(y+1)^2=5$$

5-2 $y=x+k$를 $x^2+y^2=8$에 대입하면

$$x^2+(x+k)^2=8, \; 2x^2+2kx+k^2-8=0$$

이 이차방정식의 판별식을 D라 하면

$$\frac{D}{4}=k^2-\boxed{\text{(가)} 2}\times(k^2-8)=-k^2+16<0$$

$$k^2-16>0, \; (k+4)(k-4)>0$$

$$\therefore k<\boxed{\text{(나)} -4} \text{ 또는 } k>\boxed{\text{(다)} 4}$$

---

pp. 20, 21			교과서 체크
1-1 0, 6	1-2 ③	2-1 ①	2-2 ①
3-1 10	3-2 4	4-1 ②	4-2 ④
5-1 ⑤	5-2 $-\sqrt{3}<a<\sqrt{3}$		6-1 ④
6-2 -9			

1-1 $\sqrt{(-1-2)^2+(3-a)^2}=3\sqrt{2}$

양변을 제곱하면 $a^2-6a+18=18$

$a^2-6a=0, \; a(a-6)=0 \qquad \therefore a=0$ 또는 $a=6$

1-2 $\sqrt{(-3-a)^2+\{5-(-3)\}^2}=10$

양변을 제곱하면 $a^2+6a+73=100$

$a^2+6a-27=0, \; (a+9)(a-3)=0$

$\therefore a=-9$ 또는 $a=3$

따라서 모든 a의 값의 합은 $-9+3=-6$

2-1 선분 AB를 $2 : 1$로 외분하는 점의 좌표가 $(-2, 4)$이므로

$$\frac{2\times(-1)-1\times a}{2-1}=-2, \; \frac{2\times b-1\times(-2)}{2-1}=4$$

$-2-a=-2, \; 2b+2=4 \qquad \therefore a=0, b=1$

따라서 $A(0, -2), B(-1, 1)$이므로

$$\overline{AB}=\sqrt{(-1-0)^2+\{1-(-2)\}^2}=\sqrt{10}$$

2-2 선분 AB를 $2 : m$으로 내분하는 점의 좌표는

$$\left(\frac{2\times 3+m\times 1}{2+m}, \frac{2\times 3+m\times(-2)}{2+m}\right)$$

$$=\left(\frac{6+m}{2+m}, \frac{6-2m}{2+m}\right)$$

이 점이 직선 $y=x-1$ 위에 있으므로

$$\frac{6-2m}{2+m}=\frac{6+m}{2+m}-1, \; 6-2m=6+m-2-m$$

$$2m=2 \qquad \therefore m=1$$

3-1 $3x-y-5=0$, 즉 $y=3x-5$와 평행한 직선의 기울기는 3이므로 기울기가 3이고 점 $(1, 7)$을 지나는 직선의 방정식은

$y-7=3(x-1)$ $\therefore y=3x+4$

이 직선이 점 $(2, k)$를 지나므로

$k=6+4$ $\therefore k=10$

3-2 직선 $x+ay+3=0$이 직선 $x-y+5=0$에 수직이므로

$\left(-\dfrac{1}{a}\right)\times 1=-1$ $\therefore a=1$

또 직선 $x+ay+3=0$, 즉 $x+y+3=0$이 직선 $(b-2)x+y-1=0$에 평행하므로

$-(b-2)=-1, b-2=1$ $\therefore b=3$

$\therefore a+b=1+3=4$

4-1 이차방정식 $x^2+y^2+4x-2y-k=0$을 변형하면

$(x^2+4x+4)+(y^2-2y+1)-k-5=0$

$\therefore (x+2)^2+(y-1)^2=k+5$

이 방정식이 원을 나타내려면

$k+5>0$ $\therefore k>-5$

4-2 이차방정식 $x^2+y^2+4x-8y+a=0$을 변형하면

$(x^2+4x+4)+(y^2-8y+16)+a-20=0$

$\therefore (x+2)^2+(y-4)^2=20-a$

반지름의 길이가 4이므로

$20-a=16$ $\therefore a=4$

중심의 좌표가 $(-2, 4)$이므로 $b=-2, c=4$

$\therefore a+b+c=4+(-2)+4=6$

5-1 이차방정식 $x^2+y^2+6x-4y+11-k^2=0$을 변형하면

$(x^2+6x+9)+(y^2-4y+4)-2-k^2=0$

$\therefore (x+3)^2+(y-2)^2=k^2+2$

이 원이 y축에 접하므로

$k^2+2=|-3|^2$에서

$k^2=7$ $\therefore k=\sqrt{7}\ (\because k>0)$

참고 x축 또는 y축에 접하는 원

중심이 (a, b)일 때 x축 또는 y축에 접하는 원

(1) x축에 접하는 방정식 $\Rightarrow (x-a)^2+(y-b)^2=b^2$

(2) y축에 접하는 방정식 $\Rightarrow (x-a)^2+(y-b)^2=a^2$

(3) x축과 y축에 동시에 접하는 원

반지름의 길이가 r이고, 원의 중심의 위치가

① 제1사분면 $\Rightarrow (x-r)^2+(y-r)^2=r^2$

② 제2사분면 $\Rightarrow (x+r)^2+(y-r)^2=r^2$

③ 제3사분면 $\Rightarrow (x+r)^2+(y+r)^2=r^2$

④ 제4사분면 $\Rightarrow (x-r)^2+(y+r)^2=r^2$

5-2 직선 $ax-y+2=0$, 즉 $y=ax+2$를

$x^2+y^2=1$에 대입하면

$x^2+(ax+2)^2=1, (a^2+1)x^2+4ax+3=0$

이 이차방정식의 판별식을 D라 하면

$\dfrac{D}{4}=(2a)^2-3(a^2+1)<0$

$a^2-3<0, (a+\sqrt{3})(a-\sqrt{3})<0$

$\therefore -\sqrt{3}<a<\sqrt{3}$

6-1 직선 $2x+4y+1=0$과 수직이므로 기울기는 2

$y=mx\pm r\sqrt{m^2+1}$에서 $m=2, r=2\sqrt{5}$이므로

구하는 직선의 방정식은

$y=2x\pm 2\sqrt{5}\times\sqrt{2^2+1}$ $\therefore y=2x\pm 10$

6-2 $x_1x+y_1y=r^2$에서 $x_1=2, y_1=-1, r=\sqrt{5}$이므로 접선의

방정식은 $2\times x+(-1)\times y=5$

$\therefore 2x-y-5=0$

이 직선이 점 $(-2, a)$를 지나므로

$-4-a-5=0$ $\therefore a=-9$

---

pp. 23, 25　　　　　　　　　　**개념 확인**

1-2 (1) 무한 (2) 유한　　　　**2-2** (1) 거짓 (2) 참

3-2 (1) $a=b=0$ (2) $a-b>0$ (3) $a^2\geq b^2$

4-2 (1) 일대일함수 (2) 상수　　**5-2** ㄴ, ㄷ

6-2 (1) 3 (2) 1 (3) 4

1-2 (1) $\{x\,|\,x$는 7의 배수$\}=\{7, 14, 21, \cdots\}$이므로 무한집합이다.

(2) $\{x\,|\,x$는 7의 약수$\}=\{1, 7\}$이므로 유한집합이다.

2-2 (1) $x=1$일 때, $|x|=1$이므로 주어진 명제는 거짓이다.

(2) $x=1$이면 $x^2\leq 1$을 만족시키므로 주어진 명제는 참이다.

3-2 (1) $a^2+b^2=0 \Longleftrightarrow \boxed{a=b=0}$

(2) $a>b \Longleftrightarrow \boxed{a-b>0}$

(3) $a\geq 0, b\geq 0$일 때, $a\geq b \Longleftrightarrow \boxed{a^2\geq b^2}$

4-2 (1) 일대일함수이고 치역과 공역이 같은 함수를 일대일대응이라 한다.

(2) 정의역 X의 각 원소 x에 자기 자신인 x가 대응하는 함수를 항등함수라 한다.

5-2 ㄱ. 정의역은 $\{x\,|\,x\neq 1$인 실수$\}$이다. (거짓)

따라서 옳은 것은 ㄴ, ㄷ이다.

6-2 (1) 2의 배수는 2, 4, 6이므로 경우의 수는 3이다.

(2) 4의 배수는 4뿐이므로 경우의 수는 1이다.

(3) 6의 약수는 1, 2, 3, 6이므로 경우의 수는 4이다.

2-1 (1) [반례] $a=-2$이면 $a^2=4>1$이지만 $a>1$이 아니다.

(2) [반례] $a=-2$이면 $a^2=4$이지만 $a\neq 2$이다.

2-2 ㄱ. 역 : n이 자연수일 때, n^2이 홀수이면 n은 홀수이다. (참)

ㄴ. 역 : n이 자연수일 때, n이 4의 배수이면 n은 2의 배수이다. (참)

ㄷ. 역 : x, y가 실수일 때, $x^2+y^2>0$이면 $xy<0$이다. (거짓)

[반례] $x=1, y=2$이면 $x^2+y^2=5>0$이지만 $xy=2>0$

따라서 역이 참인 것은 ㄱ, ㄴ이다.

3-1 $\sqrt{a}+\sqrt{b}>0, \sqrt{a+b}>0$이므로

$(\sqrt{a}+\sqrt{b})^2 > (\boxed{\text{(개)}\ \sqrt{a+b}})^2$임을 보이면 된다.

$(\sqrt{a}+\sqrt{b})^2 - (\boxed{\text{(개)}\ \sqrt{a+b}})^2$

$=(a+2\sqrt{ab}+b)-(\boxed{\text{(내)}\ a+b})=2\sqrt{ab}>0$

이므로 $\sqrt{a}+\sqrt{b}>\sqrt{a+b}$이다.

3-2 $x^2+y^2+z^2-xy-yz-zx$

$=\dfrac{1}{2}(2x^2+2y^2+2z^2-2xy-2yz-2zx)$

$=\dfrac{1}{2}\{(x-y)^2+\boxed{\text{(개)}\ (y-z)^2}+(z-x)^2\}$

이때 x, y, z가 실수이므로

$(x-y)^2\ \boxed{\text{(내)}\ \geq}\ 0, (y-z)^2\geq 0, (z-x)^2\geq 0$

$\therefore x^2+y^2+z^2-xy-yz-zx\geq 0$

(단, 등호는 $\boxed{\text{(대)}\ x=y=z}$일 때 성립)

---

pp. 26, 27 **교과서 체크**

1-1 ㄴ, ㄷ, ㄹ 1-2 ④   2-1 (1) 거짓 (2) 거짓 (3) 참

2-2 ㄱ, ㄴ   3-1 (개) $\sqrt{a+b}$ (내) $a+b$

3-2 (개) $(y-z)^2$ (내) $\geq$ (대) $x=y=z$ 4-1 ㄱ

4-2 $a=1, b=0$ 5-1 -4 5-2 ⑤

6-1 ④   6-2 ③

1-1 ㄱ. 8의 약수의 모임은 $\{1, 2, 4, 8\}$이므로 집합이다.

ㄴ, ㄷ, ㄹ은 기준에 따른 대상을 분명히 정할 수 없으므로 집합이 아니다.

1-2 $x^2-5x-6=(x+1)(x-6)=0$을 만족시키는 x의 값은 $-1, 6$이므로 $A=\{-1, 6\}$에서 $n(A)=2$

$B=\{1, 2, 7, 14\}$이므로 $n(B)=4$

$\therefore n(A)\times n(B)=2\times 4=8$

4-1 치역과 공역이 같고, 치역의 한 원소 b에 대하여 x축에 평행한 직선 $y=b$와 한 점에서만 만나는 함수의 그래프를 찾는다.

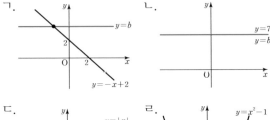

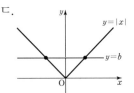

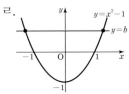

따라서 일대일대응인 것은 ㄱ이다.

4-2 $f(x)=ax+b$에서 $a>0$이므로 x의 값이 증가할 때 y의 값은 항상 증가한다.

$f(-1)=-1$에서 $-a+b=-1$ $\quad$ ...... ㉠

$f(3)=3$에서 $3a+b=3$ $\quad$ ...... ㉡

㉠, ㉡을 연립하여 풀면 $a=1,\ b=0$

5-1 $y=\dfrac{2x-3}{x+1}=\dfrac{2(x+1)-5}{x+1}=-\dfrac{5}{x+1}+2$

함수 $y=\dfrac{2x-3}{x+1}$의 그래프는 함수 $y=-\dfrac{5}{x}$의 그래프를 x축의 방향으로 -1만큼, y축의 방향으로 2만큼 평행이동한 것이므로

$k=-5,\ p=-1,\ q=2$

$\therefore k+p+q=-5+(-1)+2=-4$

5-2 $y=\dfrac{4x}{x-1}=\dfrac{4(x-1)+4}{x-1}$

$\qquad =\dfrac{4}{x-1}+4$

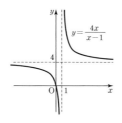

⑤ 제 1, 2, 4분면을 지난다.

따라서 옳지 않은 것은 ⑤이다.

6-1 집에서 공원까지 가는 길은 2가지이고,

공원에서 학교까지 가는 길은 4가지이므로

구하는 경우의 수는 $2\times4=8$

6-2 2의 배수가 나오는 경우는 2, 4, 6, 8, 10, 12의 6가지,

5의 배수가 나오는 경우는 5, 10의 2가지,

3의 배수가 나오는 경우는 3, 6, 9, 12의 4가지이므로

구하는 경우의 수는 $6\times2\times4=48$

---

pp. 28~33   **기초성취도 평가 1회**

1 ②	2 ④	3 ①	4 ②
5 ①	6 ②	7 ④	8 ③
9 ①	10 ④	11 ①	12 ②
13 ②	14 ①	15 ③	16 ③

서답형1 $(x+y-1)^2$ 서답형2 6

서답형3 필요조건   서답형4 120

---

1 $a^2+\dfrac{1}{a^2}=\left(a+\dfrac{1}{a}\right)^2-2=(-2)^2-2=2$

2 ④ $(x-1)^2$을 전개하면 $(x-1)^2=x^2-2x+1$

이 식은 문자 x에 어떤 값을 대입해도 항상 성립한다.

따라서 x에 대한 항등식은 ④이다.

3 버튼 z를 두 번 눌렀을 때 화면에 나타나는 값은

$\left(-\dfrac{1}{2}+\dfrac{\sqrt{3}}{2}i\right)^2=\dfrac{1}{4}-\dfrac{\sqrt{3}}{2}i-\dfrac{3}{4}=-\dfrac{1}{2}-\dfrac{\sqrt{3}}{2}i$

4 $x^2-5x+4=0$에서 $(x-1)(x-4)=0$

$\therefore x=1$ 또는 $x=4$

따라서 이차방정식의 근이 될 수 있는 x의 값은 1이다.

5 $f(x)=x^2-2x-2=(x-1)^2-3$이므로 이차함수의 그래프의 꼭짓점의 x좌표는 주어진 x의 값의 범위에 포함된다.

따라서 최솟값은 $x=1$일 때 -3이다.

6 $x+3>4$에서 $x>1$, $x-1<1$에서 $x<2$

즉, 구하는 해는 $1<x<2$이므로 $a=1,\ b=2$

$\therefore a+b=3$

7 $\dfrac{3\times12+2\times2}{3+2}=8$, $\dfrac{3\times4+2\times(-6)}{3+2}=0$

따라서 점 P의 좌표는 $(8,\ 0)$이다.

8 직선 $y=-\dfrac{1}{2}x+3$에 수직인 직선의 기울기는 2이므로

점 $P(-1, 1)$을 지나고 기울기가 2인 직선의 방정식은

$y-1=2\{x-(-1)\}$ $\therefore y=2x+3$

9 원 $x^2+y^2=5$ 위의 점 $(-1, -2)$에서의 접선의 방정식은

$(-1)\times x+(-2)\times y=5$

$\therefore x+2y=-5$

10 A반에서 선정한 수학여행지의 집합을 A, B반에서 선정한 수학여행지의 집합을 B라 하면

$A\cup B=\{$경주, 속초, 전주, 부산, 제주, 서울$\}$

$A\cap B=\{$속초, 부산$\}$

따라서 A, B반 중 한 반에서만 선정한 수학여행지의 집합은

$(A\cup B)-(A\cap B)=\{$경주, 전주, 제주, 서울$\}$

11 ❶에 선택한 수는 y

❷ y에 4를 곱하면 $y\times 4=4y$

❸ $4y$에 6을 더하면 $4y+6$

❹ $4y+6$을 2로 나누면 $\dfrac{4y+6}{2}=2y+3$

❺ $2y+3$에서 5를 빼면 $(2y+3)-5=2y-2$

따라서 $x=2y-2$이므로

$y=\dfrac{1}{2}x+1$

12 $\dfrac{x^3-1}{x^2+x+1}=\dfrac{(x-1)(x^2+x+1)}{x^2+x+1}=x-1$

13 ① $f^{-1}(5)=3$

② $f^{-1}(6)=2$

③ $f^{-1}(7)=4$

④ $f^{-1}(8)=1$

따라서 옳은 것은 ②이다.

14 ㄴ. $\sqrt{2}x-3$은 근호 안에 문자가 없으므로 무리식이 아니다.

ㄷ. $\dfrac{\sqrt{2}}{x}$는 근호 안에 문자가 없으므로 무리식이 아니다.

따라서 무리식인 것은 ㄱ이다.

15 동아리 회원 10명 중에서 순서를 생각하지 않고 2명을 뽑는 경우의 수는

$_{10}C_2=\dfrac{10\times 9}{2\times 1}=45$

16 이때 $A\boxed{\text{(가) } \cap}B=\varnothing$이므로 구하는 경우의 수는

$n(A\cup B)=n(A)+n(B)=\boxed{\text{(나) } 6}$

서답형 1 $x+y=X$로 놓으면

$\begin{aligned}(x+y)^2-2(x+y-1)-1 &=X^2-2(X-1)-1\\ &=X^2-2X+1\\ &=(X-1)^2\\ &=(x+y-1)^2\end{aligned}$

서답형 2 $\sqrt{a^2-6a+18}=\sqrt{10}$의 양변을 제곱하면

$a^2-6a+18=10$, $a^2-6a+8=0$

$(a-2)(a-4)=0$ $\therefore a=2$ 또는 $a=4$

따라서 구하는 a의 값의 합은 6이다.

서답형 3   단서 1에서 $P\cup Q=P$이므로 $Q\subset P$이고 단서 2에서 $Q\cap R=R$이므로 $R\subset Q$이다.

따라서 $R\subset P$이므로 p는 r이기 위한 필요조건이다.

서답형 4   다섯 종류의 신발을 일렬로 나열하는 경우의 수는

$5!=5\times 4\times 3\times 2\times 1=120$

1 $P(x)$가 $x+1$로 나누어떨어지면 인수정리에 의하여

$P(-1)=0$이므로 $P(-1)=1-a-3=0$

$\therefore a=-2$

2 $x^4+x^3+x^2-x-2$를 조립제법을 이용하여 인수분해하면

$$
\begin{array}{r|rrrrr}
1 & 1 & 1 & 1 & -1 & -2 \\
  &   & 1 & 2 & 3 & 2 \\
\hline
-1 & 1 & 2 & 3 & 2 & 0 \\
   &   & -1 & -1 & -2 & \\
\hline
   & 1 & 1 & 2 & 0 & \\
\end{array}
$$

$x^4+x^3+x^2-x-2=(x-1)(x+1)(x^2+x+2)$

따라서 $a=1$, $b=1$, $c=1$, $d=2$이므로 비밀번호는 1112이다.

3 $z=a+bi$ (a, b는 실수)로 놓으면 $\bar{z}=a-bi$

z의 실수부분은 허수부분의 2배보다 5만큼 작으므로

$a=2b-5$ ······ ㉠

$\bar{z}$의 허수부분은 실수부분보다 7만큼 작으므로

$-b=a-7$ ······ ㉡

㉠, ㉡을 연립하여 풀면 $a=3$, $b=4$

$\therefore z=3+4i$

4 이차방정식 $x^2+2kx-3k-4=0$의 한 근이 5이므로 주어진 방정식에 $x=5$를 대입하면

$25+10k-3k-4=0$ $\therefore k=-3$

5 이차함수 $y=-3(x+2)^2-1$의 꼭짓점의 x좌표가 -2이고, 최고차항의 계수가 음수이므로 최댓값은 $x=-2$일 때 -1이다.

6 지민 : $x^2-2x+2=x+1$, 즉 $x^2-3x+1=0$

이차방정식 $x^2-3x+1=0$의 판별식을 D라 하면

$D=(-3)^2-4\times1\times1=5>0$

시완 : $x^2-2x+2=-3x+4$, 즉 $x^2+x-2=0$

이차방정식 $x^2+x-2=0$의 판별식을 D라 하면

$D=1^2-4\times1\times(-2)=9>0$

따라서 이차함수의 그래프와 서로 다른 두 점에서 만나는 직선의 방정식을 말한 사람은 지민, 시완이다.

7 $\dfrac{3\times6-1\times(-2)}{3-1}=10$, $\dfrac{3\times1-1\times(-3)}{3-1}=3$

따라서 점 Q의 좌표는 $(10, 3)$이다.

8 직선 $y=-3x$에 평행한 직선의 기울기는 -3이므로

점 P$(3, 2)$를 지나고 기울기가 -3인 직선의 방정식은

$y-2=-3(x-3)$ $\therefore y=-3x+11$

9 중심이 점 $(1, 2)$이고 반지름의 길이가 3인 원의 방정식은

$(x-1)^2+(y-2)^2=9$

10 $P=\{$대한민국, 호주, 중국, 미국$\}$

$Q=\{$대한민국, 미국$\}$

대한민국$\in P$, 미국$\in P$이므로 $Q\subset P$

11 점 $(4, 3)$을 x축의 방향으로 2만큼, y축의 방향으로 -3만큼 평행이동한 좌표는

$(4+2, 3-3)$, 즉 $(6, 0)$

12 밑줄 친 명제의 부정은 '어떤 학생은 나보다 100 m 달리기 기록이 느리지 않다.'이다.

13 집합 X의 각 원소에 집합 Y의 원소가 하나씩만 대응할 때, 이러한 대응을 집합 X에서 집합 Y로의 함수라 한다.

ㄴ. X의 원소 0에 대응하는 Y의 원소는 없고, X의 원소 1에 대응하는 Y의 원소는 2개이다.

ㄷ. X의 원소 2에 대응하는 Y의 원소는 2개이다.

따라서 함수인 것은 ㄱ, ㄹ이다.

14 $f^{-1}(1)=k$에서 $f(k)=1$이므로

$2k-3=1, 2k=4$ $\therefore k=2$

15 근호 안의 식의 값이 0 이상이어야 하므로

$2x-3\geq0$에서 $x\geq\dfrac{3}{2}$

16 준수 : 함수 $y=\dfrac{1}{x-1}+2$의 점근선의 방정식은

$x=1, y=2$이다. (거짓)

나래 : 함수 $y=\dfrac{1}{x-1}+2$의 정의역은

$\{x\,|\,x\neq1$인 실수$\}$이다. (참)

지아 : 함수 $y=\dfrac{1}{x-1}+2$의 치역은

$\{y\,|\,y\neq2$인 실수$\}$이다. (참)

따라서 바르게 설명한 사람은 나래, 지아이다.

서답형 1 $2A+B=2(2x^2-y^2)+(-x^2+3y^2)$
$=4x^2-2y^2-x^2+3y^2$
$=3x^2+y^2$

서답형 2 $y=3x+k$를 $x^2+y^2=4$에 대입하면
$x^2+(3x+k)^2=4, 10x^2+6kx+\boxed{\text{(가)}\ k^2-4}=0$
이 이차방정식의 판별식을 D라 하면
$\dfrac{D}{4}=(3k)^2-10\times(k^2-4)=0$
$k^2=\boxed{\text{(나)}\ 40}$ $\therefore k=\pm2\sqrt{10}$
따라서 구하는 직선의 방정식은 $y=3x\pm2\sqrt{10}$이다.

서답형 3 $A=\{x\,|\,x$는 18의 약수$\}=\{1, 2, 3, 6, 9, 18\}$
이므로 집합 A의 진부분집합의 개수는
$2^6-1=63$

서답형 4   남학생 한 명을 뽑는 경우의 수는 5이고 여학생 한 명을 뽑는 경우의 수는 3이므로 구하는 경우의 수는
$5\times3=15$

pp. 40~45 **기초성취도 평가 3회**

1 ①	2 ①	3 ④	4 ③
5 ②	6 ④	7 ③	8 ①
9 ④	10 ③	11 ③	12 ④
13 ②	14 ①	15 ③	16 ④

서답형 1 1   **서답형 2** $y=\dfrac{9}{5}x+32$

서답형 3 4   **서답형 4** 풀이 참조

1 $(a+b)^2=(a-b)^2+4ab$
$=(-3)^2+4\times(-2)=1$

2   주어진 등식의 우변을 전개하여 정리하면
$3x+7=ax+2a-b$
이때 $3x+7=ax+2a-b$가 항등식이므로
$3=a, 7=2a-b$에서 $a=3, b=-1$
$\therefore ab=-3$

3 $a<0, b<0$일 때, $\sqrt{ab}=\boxed{\text{(가)}\ -\sqrt{a}\sqrt{b}}$이므로
$\sqrt{(-1)\times(-1)}=\boxed{\text{(나)}\ -\sqrt{-1}\sqrt{-1}}$

4   이차방정식 $x^2+6x+3=0$의 판별식을 D라 하면
$\dfrac{D}{4}=3^2-1\times3=6>0$
따라서 주어진 이차방정식의 서로 다른 실근의 개수는 2이다.

5   이차방정식 $2x^2-7x+3=0$에서
$(x-3)(2x-1)=0$ $\therefore x=3$ 또는 $x=\dfrac{1}{2}$
따라서 구하는 교점의 x좌표인 것은 ② 3이다.

6   두 점 $A(-2, 5)$, $B(-2, -3)$ 사이의 거리는
$\overline{AB}=\sqrt{\{-2-(-2)\}^2+(-3-5)^2}=8$

7 $x^2+y^2-2x-4y-4=0$에서

$(x^2-2x+1)+(y^2-4y+4)=9$

$\therefore (x-1)^2+(y-2)^2=3^2$

따라서 반지름의 길이는 3이다.

8 x 대신 $x+1$, y 대신 $y-4$를 대입하면

$3(x+1)+(y-4)=0$ $\therefore 3x+y-1=0$

9 경석 : x의 값에 따라서 참일 수도 거짓일 수도 있으므로 명제가 아니다.

지연 : 작다는 기준이 명확하지 않으므로 명제가 아니다.

따라서 명제인 것을 말한 사람은 은주, 수빈이다.

10 유찬 : $x+2\geq 5$에서 $x\geq 3$일 때만 부등식이 성립하므로 절대부등식이 아니다.

세은 : $2x-1<3+2x$에서 $-4<0$

모든 실수 x에 대하여 부등식이 성립하므로 절대부등식이다.

수아 : $x^2-6x+9=(x-3)^2>0$에서 $x\neq 3$일 때만 부등식이 성립하므로 절대부등식이 아니다.

민호 : $-x^2+4x-6=-(x-2)^2-2<0$

모든 실수 x에 대하여 부등식이 성립하므로 절대부등식이다.

따라서 절대부등식이 적힌 카드를 들고 있는 사람은 세은, 민호이다.

11 하린 : 가깝다는 기준이 명확하지 않으므로 집합이 아니다.

따라서 집합이 아닌 것을 말한 사람은 하린이다.

12 ① 함수 f의 정의역은 $X=\{1, 2, 3\}$이다.

② 함수 f의 공역은 $Y=\{a, b, c, d\}$이다.

③ 함수 f의 치역은 $\{a, b, d\}$이다.

④ 집합 Y의 원소 c에 대응하는 집합 X의 원소가 없으므로 일대일대응이 아니다.

따라서 옳지 않은 것은 ④이다.

13 $2x+1=0$에서 $x=-\dfrac{1}{2}$이므로 주어진 함수의 정의역은

$\left\{x \,\middle|\, x\neq -\dfrac{1}{2}인\ 실수\right\}$이다.

14 $\dfrac{2}{\sqrt{x+2}-\sqrt{x}}=\dfrac{2(\sqrt{x+2}+\sqrt{x})}{(\sqrt{x+2}-\sqrt{x})(\sqrt{x+2}+\sqrt{x})}$

$=\sqrt{x+2}+\sqrt{x}$

15 $_nP_2=n(n-1)$이므로

$n(n-1)=20=5\times 4$ $\therefore n=5$

16 6명의 학생 중에서 순서를 생각하지 않고 대표 3명을 뽑는 경우의 수는

$_6C_3=\dfrac{6\times 5\times 4}{3\times 2\times 1}=20$

서답형 1 $|2x-1|>3$에서

$2x-1<-3$ 또는 $2x-1>3$

$\therefore x<-1$ 또는 $x>2$

따라서 $a=-1$, $b=2$이므로 $a+b=1$

서답형 2 섭씨온도 0 ℃는 화씨온도 32 ℉이므로

$x=0$일 때 $y=32$

섭씨온도 100 ℃는 화씨온도 212 ℉이므로

$x=100$일 때 $y=212$

따라서 함수 $y=ax+b$는 두 점 $(0, 32)$, $(100, 212)$를 지나므로

$y-32=\dfrac{212-32}{100-0}(x-0)$ $\therefore y=\dfrac{9}{5}x+32$

서답형 3 단어 'remember'에 들어 있는 알파벳은

b, e, m, r이므로 $A=\{b, e, m, r\}$

$\therefore n(A)=4$

서답형 4 (1) ㉠의 부정 : <u>어떤</u> 유전자는 개개의 생존 기계 속에 구속되어 있지 <u>않다.</u>

(2) ㉡의 부정 : <u>모든</u> 사람들은 진화를 지나치게 유전자 중심<u>으로</u> 생각하는 것에 <u>반대하지 않는다.</u>

---

pp. 46~53   학업성취도 평가 1회

1 ①	2 ①	3 ①	4 ④
5 ②	6 ⑤	7 ②	8 ③
9 ④	10 ④	11 ③	12 ②
13 ⑤	14 ①	15 ②	16 ②
17 ④	18 ⑤	19 ④	

서답형 1 풀이 참조   **서답형 2** $1+i$

서답형 3 (1) $x^2+(y-11)^2=10^2$ (2) 21 m

서답형 4 민우   **서답형 5** 96

---

1 $z=(a^2-1)+(a^2+a-2)i$가 0이 아닌 실수이므로
$a^2-1\neq 0, a^2+a-2=0$
즉 $a^2\neq 1$이고 $(a+2)(a-1)=0$
$\therefore a=-2$

2 $a\times 1=-2, 5+2=b$이므로
$a=-2, b=7$ $\therefore ab=-14$

3 $(2x+1)^3(x-2)=(8x^3+12x^2+6x+1)(x-2)$
$\qquad\qquad\qquad\qquad =8x^4-4x^3-18x^2-11x-2$
따라서 x^2의 계수는 -18이다.

4 $\dfrac{3\times 4-2\times a}{3-2}=2, 12-2a=2$ $\therefore a=5$
$\dfrac{3\times b-2\times 2}{3-2}=5, 3b-4=5$ $\therefore b=3$
$\therefore a+b=8$

5 주영이는 b를 바르게 보고 풀었으므로 두 근의 곱은
$b=2\times 3=6$
희수는 a를 바르게 보고 풀었으므로 두 근의 합은
$-a=(2+3i)+(2-3i), a=-4$
$\therefore a+b=-4+6=2$

6 $f(x)=x^2+4x-2k=(x+2)^2-2k-4$이므로
$-2\leq x\leq 2$에서 $y=f(x)$의 최댓값은
$f(2)=-2k+12$, 최솟값은 $f(-2)=-2k-4$이다.
즉, $-2k-4=-6$이므로 $k=1$
따라서 구하는 최댓값은 $-2+12=10$

7 $f(x)=x^3-6x^2+ax+10$이라 하면 $f(2)=0$이므로
$8-24+2a+10=0$ $\therefore a=3$
$f(x)=x^3-6x^2+3x+10$이므로
$f(x)=(x-2)(x^2-4x-5)$
즉, $(x-2)(x+1)(x-5)=0$이므로
$x=2$ 또는 $x=-1$ 또는 $x=5$
따라서 나머지 두 근의 합은 $-1+5=4$

8 이차방정식 $ax^2+2b'x+c=0$의 판별식을 D라 하면
$D=(2b')^2-4ac=4(\boxed{b'^2-ac})$
이때 $\boxed{b'^2-ac}$의 부호는 판별식 D의 부호와 일치하므로
$\boxed{b'^2-ac}$의 부호로도 이차방정식 $ax^2+2b'x+c=0$의 근을 판별할 수 있다.
따라서 빈칸에 공통으로 들어갈 알맞은 식은 b'^2-ac이다.

9 직선 $x-2y=0$에 수직인 직선의 기울기는 -2이므로
점 $(0, 5)$를 지나고 기울기가 -2인 직선의 방정식은
$y-5=-2x, y=-2x+5$
점 H는 두 직선 $x-2y=0, y=-2x+5$의 교점이므로
두 식을 연립하여 풀면
$x=2, y=1$
따라서 구하는 점 H의 좌표는 $(2, 1)$이다.

10 $y=x+k$를 $x^2+y^2=4$에 대입하면
$x^2+(x+k)^2=4, 2x^2+2kx+k^2-4=0$
이 이차방정식의 판별식을 D라 하면
$\dfrac{D}{4}=k^2-2\times (k^2-4)=0$
$k^2-8=0$ $\therefore k^2=8$

11 점 $(2, 5)$를 점 $(5, 2)$로 옮기는 평행이동을
$(x, y) \longrightarrow (x+m, y+n)$이라 하면
$2+m=5, 5+n=2$
$\therefore m=3, n=-3$
이때 평행이동 $(x, y) \longrightarrow (x+3, y-3)$에 의하여
점 $(4, 3)$으로 옮겨지는 점의 좌표를 (a, b)라 하면
$a+3=4, b-3=3$
$\therefore a=1, b=6$
따라서 구하는 점의 좌표는 $(1, 6)$이다.

12 $B-A=\{3, 4, 5, 6\}$이므로
$\{3, 4, 5, 6\} \subset X \subset \{1, 2, 3, 4, 5, 6\}$
집합 X는 집합 B의 부분집합 중 집합 $B-A$의 모든 원소를
반드시 갖는 집합이다.
따라서 구하는 집합 X의 개수는
$2^{6-4}=2^2=4$

참고 **부분집합의 개수**
원소가 n개인 집합 $A=\{a_1, a_2, \cdots, a_n\}$에 대하여
① 부분집합의 개수 $\Rightarrow 2^n$
② 진부분집합의 개수 $\Rightarrow 2^n-1$
③ 특정한 원소 k개를 반드시 포함하는 부분집합의 개수
　　$\Rightarrow 2^{n-k}$

13 ㄱ. [반례] $x=-1$일 때, $x \neq |x|$이다. (거짓)
ㄴ. 네 변의 길이가 같은 직사각형은 정사각형이다. (참)
ㄷ. 모든 실수 x에 대하여 $x^2 \geq 0$이다.
　　따라서 모든 실수 x에 대하여 $x^2+1>0$이다. (참)
ㄹ. $x=0$이면 $x^2 \leq 0$이다. (참)
따라서 참인 명제는 ㄴ, ㄷ, ㄹ이다.

14 $|a|+|b| \geq 0$, $|a+b| \geq 0$이므로
$(|a|+|b|)^2 \geq \boxed{\text{(가)}\ |a+b|}^2$임을 보이면 된다.
$(|a|+|b|)^2 - \boxed{\text{(가)}\ |a+b|}^2$
$=|a|^2+2|a||b|+|b|^2-(a+b)^2$
$=2(|ab|-ab)$
그런데 $|ab| \geq ab$이므로 $2(|ab|-ab) \geq 0$
따라서 $(|a|+|b|)^2 \geq |a+b|^2$이므로
$|a|+|b| \geq |a+b|$
　　　　　　(단, 등호는 $|ab|=ab$, 즉 $\boxed{\text{(나)}\ ab \geq 0}$일 때 성립)

15 ㄴ. $f(1)=4 \notin Y$이므로 주어진 f는 X에서 Y로의 함수가
　　아니다.
ㄷ. $f(0)=-1 \notin Y$, $f(1)=0 \notin Y$이므로 주어진 f는 X에서
　　Y로의 함수가 아니다.
따라서 X에서 Y로의 함수인 것은 ㄱ, ㄹ이다.

16 $f^{-1}(2)=3$에서 $f(3)=2$이므로
$3a-4=2$　$\therefore a=2$

17 농도가 20 %인 소금물 100 g에 들어 있는 소금의 양은
$100 \times \dfrac{20}{100}=20\ (\text{g})$
이므로 물 x g을 더 넣은 소금물의 농도 y %는
$y=\dfrac{20}{x+100} \times 100$　　$\therefore y=\dfrac{2000}{x+100}\ (x \geq 0)$

18 가로 방향 4개의 평행선 중에서 2개를 택하고, 세로 방향 6개
의 평행선 중에서 2개를 택하면 한 개의 평행사변형이 만들
어지므로 구하는 평행사변형의 개수는
$_4C_2 \times _6C_2=6 \times 15=90$

19 $x=9.8$ m일 때 한 번 왕복하는 데 걸리는 시간은
$2\pi \sqrt{\dfrac{9.8}{9.8}}=2\pi$
걸리는 시간을 2배로 늘리려 할 때 줄의 길이를 a라 하면
$2 \times 2\pi=2\pi \sqrt{\dfrac{a}{9.8}}, 4=\dfrac{a}{9.8}$　　$\therefore a=39.2$
따라서 구하는 줄의 길이는 39.2 m이다.

서답형 1　진형이의 풀이는 $4x^3+3x-1$을 $x-\dfrac{1}{2}$로 나누었을
때 몫과 나머지를 구한 것이다.
$4x^3+3x-1=\left(x-\dfrac{1}{2}\right)(4x^2+2x+4)+1$
　　　　　　　$=(2x-1)(2x^2+x+2)+1$
따라서 $4x^3+3x-1$을 $2x-1$로 나누었을 때의 몫은
$2x^2+x+2$, 나머지는 1이다.

서답형 2　컴퓨터 프로그램에 처음 입력한 수를 z라 하면
$z(1+i)=2i$이므로
$z=\dfrac{2i}{1+i}=\dfrac{2i(1-i)}{(1+i)(1-i)}=\dfrac{2i+2}{2}=1+i$
따라서 컴퓨터 프로그램에 처음 입력한 수는 $1+i$이다.

서답형 3 (1) 전망대의 중심에서 지면까지의 거리가 11 m이므로 원의 중심의 좌표는 $(0, 11)$이다.

또 전망대가 지면에서 1 m 떨어져 있으므로 전망대의 반지름의 길이는 $11-1=10$ (m)이다.

따라서 구하는 원의 방정식은 $x^2+(y-11)^2=10^2$

(2) 전망대의 최고 높이는 $1+2\times10=21$ (m)이다.

서답형 4 성훈 : $A=\{2, 4, 6, 8\}$, $B=\{2, 4, 6, 8, \cdots\}$이므로 $A\subset B$이고 $B\not\subset A$이다.

소은 : $A=\varnothing$, $B=\{3\}$이므로 $A\subset B$이고 $B\not\subset A$이다.

민우 : $A=\{3, 6, 9, 12, \cdots\}$, $B=\{6, 12, 18, 24, \cdots\}$이므로 $A\not\subset B$이지만 $B\subset A$이다.

따라서 음악실 청소를 면제 받는 사람은 민우이다.

서답형 5 5의 배수이려면 일의 자리의 숫자가 0 또는 5이어야 한다.

이때 2의 배수가 아니어야 하므로 일의 자리의 숫자는 5이다.

따라서 만의 자리에 올 수 있는 숫자는 $0, 5$를 제외한 4개, 나머지 자리에는 만의 자리 숫자와 일의 자리 숫자 5를 제외한 4개의 숫자 중에서 3개가 올 수 있으므로

$4\times{}_4\mathrm{P}_3=4\times(4\times3\times2)=96$

---

pp. 54~61 　　　　　**학업성취도 평가 2회**

1 ②	2 ②	3 ②	4 ④
5 ①	6 ④	7 ③	8 ③
9 ①	10 ④	11 ③	12 ③
13 ③	14 ④	15 ⑤	16 ③
17 ⑤	18 ③	19 ③	

서답형 1 $-2x+7$ 　　**서답형 2** 45 m

서답형 3 풀이 참조 　　**서답형 4** (개) $\dfrac{1}{4}$ (나) 0 (다) 0

서답형 5 336

---

1 지환 : $(2x-y)^3$
$$=(2x)^3-3\times(2x)^2\times y+3\times2x\times y^2-y^3$$
$$=8x^3-12x^2y+6xy^2-y^3$$
따라서 식의 전개를 잘못한 사람은 지환이다.

2 $(x^2-3x)^2-14(x^2-3x)+40$에서
$x^2-3x=X$로 놓으면
$$X^2-14X+40=(X-4)(X-10)$$
$$=(x^2-3x-4)(x^2-3x-10)$$
$$=(x+1)(x-4)(x+2)(x-5)$$
따라서 주어진 다항식의 인수가 적힌 카드를 들고 있지 않은 사람은 영은이다.

3 $(2+4i)-(\overline{1-3i})=(2+4i)-(1+3i)$
$$=1+i$$
따라서 $a=1$, $b=1$이므로 $a+b=2$

4 $x^2+4x-1=0$에서 근과 계수의 관계에 의하여
$\alpha+\beta=-4$, $\alpha\beta=-1$
③ $\alpha^2+\beta^2=(\alpha+\beta)^2-2\alpha\beta=(-4)^2+2=18$
④ $\dfrac{1}{\alpha}+\dfrac{1}{\beta}=\dfrac{\alpha+\beta}{\alpha\beta}=\dfrac{-4}{-1}=4$
⑤ $\dfrac{\beta}{\alpha}+\dfrac{\alpha}{\beta}=\dfrac{\alpha^2+\beta^2}{\alpha\beta}=-18$
따라서 옳지 않은 것은 ④이다.

5 $x^2-9x-10=-4x+4$, 즉 $x^2-5x-14=0$에서
$(x+2)(x-7)=0$ 　　$\therefore x=-2$ 또는 $x=7$
즉, 교점의 x좌표가 -2, 7이므로 교점의 좌표는
$(-2, 12)$, $(7, -24)$이다.
따라서 교점의 좌표가 될 수 있는 것은 ①이다.

6 $x^2-2x+1=-x+k$, 즉 $x^2-x-k+1=0$
이 이차방정식의 판별식을 D라 하면
$$D=(-1)^2-4\times1\times(-k+1)>0$$
$4k-3>0$ 　　$\therefore k>\dfrac{3}{4}$

7 남학생 2명이 앞줄과 뒷줄에 각각 앉는 경우의 수는 2
앞줄에 앉은 남학생이 자리에 앉는 경우의 수는 2
뒷줄에 앉은 남학생이 자리에 앉는 경우의 수는 2
여학생 2명은 남학생이 앉고 남은 2자리에 각각 앉으면 되므로 여학생이 자리에 앉는 경우의 수는 2
따라서 구하는 경우의 수는 $2\times2\times2\times2=16$

8
$$\frac{2\times 1 - 1\times a}{2-1}=-1,\ 2-a=-1 \qquad \therefore a=3$$
$$\frac{2\times b - 1\times 5}{2-1}=-7,\ 2b-5=-7 \qquad \therefore b=-1$$
$A(3, 5)$, $B(1, -1)$이므로 선분 AB의 중점의 좌표는
$$\left(\frac{3+1}{2},\ \frac{5-1}{2}\right)=(2, 2)$$

9 중심의 좌표가 $(3, a)$이고 반지름의 길이가 1인 원의 방정식
은 $(x-3)^2+(y-a)^2=1$
이 방정식이 $(x+b)^2+(y+2)^2=c$와 같으므로
$a=-2,\ b=-3,\ c=1 \qquad \therefore a+b+c=-4$

10 원 $x^2+y^2=25$ 위의 점 $(-3, 4)$에서의 접선의 방정식은
$(-3)\times x+4\times y=25 \qquad \therefore 3x-4y+25=0$
이 직선이 점 $(1, a)$를 지나므로
$3-4a+25=0,\ 4a=28 \qquad \therefore a=7$

11 점 $(0, 0)$을 점 $(-1, 4)$로 옮기는 평행이동을
$(x, y) \longrightarrow (x+m, y+n)$이라 하면
$m=-1,\ n=4$
따라서 직선 $2x-y+4=0$을 x축의 방향으로 -1만큼, y축
의 방향으로 4만큼 평행이동한 직선 l의 방정식은
$2(x+1)-(y-4)+4=0 \qquad \therefore l:2x-y+10=0$
이때 x축, y축 및 직선 l로 둘러싸인 삼각형의 넓이는
$$\frac{1}{2}\times 5\times 10=25$$

12 30명 전체 회원의 집합을 U, 남극, 에베레스트산에 다녀온
회원의 집합을 각각 A, B라 하면
$n(U)=30,\ n(A)=19,\ n(B)=12,\ n(A^C\cap B^C)=6$
$n(A^C\cap B^C)=n((A\cup B)^C)$
$\qquad\qquad\qquad =n(U)-n(A\cup B)$
에서 $n(A\cup B)=30-6=24$
따라서 남극 또는 에베레스트산에 다녀온 회원 수는 24이다.

13 놓여 있는 카드가 주어진 규칙에 맞는지 확인하려면 규칙 '카
드의 한쪽에 홀수가 쓰여 있으면 다른 쪽에는 새 그림이 그려
져 있다.'와 그 대우 '카드의 한쪽에 새가 아닌 동물의 그림이
그려져 있으면 다른 쪽에는 홀수가 아닌 숫자가 쓰여 있다.'를
모두 만족시키는지 확인해야 한다.
따라서 확인이 필요한 최소한의 카드는 3이 쓰여 있는 카드,
염소 그림 카드, 토끼 그림 카드이므로 그 개수는 3이다.

14 ④ 주어진 벤다이어그램에서 $R\subset P^C$이므로 명제 $r \longrightarrow \sim p$
는 참이다.
따라서 참인 명제는 ④이다.

15 $f(x)=ax+b$에서 $a>0$이므로 x의 값이 증가할 때 y의 값
은 항상 증가한다.
따라서 $f(-1)=1,\ f(3)=9$이므로
$f(-1)=1$에서 $-a+b=1 \qquad \cdots\cdots\ \bigcirc$
$f(3)=9$에서 $3a+b=9 \qquad \cdots\cdots\ \bigcirc\!\!\bigcirc$
$\bigcirc$, $\bigcirc\!\!\bigcirc$을 연립하여 풀면 $a=2,\ b=3$
$\therefore a+2b=8$

16 $f^{-1}(1)=0$에서 $f(0)=1$이므로 $b=1$
$\therefore f(x)=ax+1$
$(f\circ f)(0)=f(f(0))=f(1)=-1$
이므로 $a+1=-1 \qquad \therefore a=-2$
따라서 $f(x)=-2x+1$이므로 $f(-1)=3$

17 짝수가 3개, 홀수가 2개인 비밀번호를 설정하는 경우의 수는
짝수 2, 4, 6의 3개 중에서 3개를 택하고 홀수 1, 3, 5, 7의 4
개 중에서 2개를 택한 후, 짝수 3개와 홀수 2개를 각각 일렬
로 나열하는 경우의 수와 같으므로
$_3C_3\times {}_4C_2\times 3!\times 2!=72$

18 ㄱ. $y=3x^2-6x+4$라 하면 이차방정식 $3x^2-6x+4=0$의
관별식 D는
$$\frac{D}{4}=(-3)^2-3\times 4=-3<0$$
이므로 이 이차함수의 그래프는 x축과 만나지 않는다.
따라서 해는 없다.
ㄹ. $y=x^2-3x+3$이라 하면 이차방정식 $x^2-3x+3=0$의
관별식 D는
$$D=(-3)^2-4\times 1\times 3=-3<0$$
이므로 이 이차함수의 그래프는 x축과 만나지 않는다.
따라서 해는 없다.
따라서 해가 존재하지 않는 이차부등식은 ㄱ, ㄹ이다.

19 연립부등식 $\begin{cases} 3x-4<5 & \cdots\cdots \ \text{㉠} \\ x>a & \cdots\cdots \ \text{㉡} \end{cases}$

㉠에서 $3x<9$ $\therefore x<3$ $\cdots\cdots \ \text{㉢}$

㉡, ㉢의 정수인 해가 오직 하나이므로

$1 \leq a < 2$

서답형 1 $f(x)$를 $(x-1)(x-2)$로 나누었을 때의 몫을 $Q(x)$,

나머지를 $ax+b$ $(a, b$는 상수$)$라 하면

$f(x)=(x-1)(x-2)Q(x)+ax+b$

$f(1)=5, f(2)=3$이므로 $a+b=5, 2a+b=3$

두 식을 연립하여 풀면 $a=-2, b=7$

따라서 구하는 나머지는 $-2x+7$이다.

서답형 2 $y=-20t^2+60t=-20\left(t-\dfrac{3}{2}\right)^2+45$

$0<t<2$이므로 $t=\dfrac{3}{2}$일 때 최댓값 45를 갖는다.

따라서 폭죽은 최대 45 m까지 올라간다.

서답형 3 원 $(x+1)^2+(y-2)^2=9$는 중심이 $(-1, 2)$이고 반

지름의 길이는 3이다.

원의 중심 $(-1, 2)$와 직선 $4x-3y-10=0$ 사이의 거리는

$\dfrac{|-4-6-10|}{\sqrt{4^2+(-3)^2}}=\dfrac{20}{5}=4$

$\therefore$ (최댓값)$=4+$(반지름의 길이)$=4+3=7$

(최솟값)$=4-$(반지름의 길이)$=4-3=1$

서답형 4 (i) 직선 $y=x+k$가 원점을 지날 때 $k=0$

(ii) 함수 $y=\sqrt{x}$의 그래프와 직선 $y=x+k$가 접할 때

$\sqrt{x}=x+k$의 양변을 제곱하여 정리하면

$x=x^2+2kx+k^2$

$x^2+(2k-1)x+k^2=0$

이 이차방정식의 판별식을

D라 하면

$D=(2k-1)^2-4k^2=0$

$-4k+1=0$ $\therefore k=\dfrac{1}{4}$

① 만나지 않는다. $\Rightarrow k>\boxed{\text{(가)} \dfrac{1}{4}}$

② 한 점에서 만난다. $\Rightarrow k=\dfrac{1}{4}$ 또는 $k<\boxed{\text{(나)} 0}$

③ 서로 다른 두 점에서 만난다. $\Rightarrow \boxed{\text{(다)} 0} \leq k<\dfrac{1}{4}$

서답형 5 대응 f가 일대일함수가 되려면 각 주머니에 서로
다른 구슬을 하나씩만 넣어야 한다.

따라서 일대일함수 f의 개수는

$_8\text{P}_3=8\times7\times6=336$

---

pp. 62~69			학업성취도 평가 3회
1 ②	2 ③	3 ②	4 ①
5 ②	6 ①	7 ②	8 ⑤
9 ④	10 ⑤	11 ②	12 ③
13 ④	14 ①	15 ①	16 ①
17 ①	18 ⑤	19 ④	

서답형 1 풀이 참조 　　**서답형 2** 풀이 참조

서답형 3 풀이 참조

서답형 4 (가) 유리수 (나) 짝수 (다) 서로소

서답형 5 10

1 주어진 등식이 모든 실수 x에 대하여 성립하므로

양변에 $x=1$을 대입하면

$0=1-a+b, a-b=1$ $\cdots\cdots \ \text{㉠}$

양변에 $x=2$를 대입하면 $1=b$

$b=1$을 ㉠에 대입하면 $a=2$

$\therefore ab=2$

2 $f(x)=(x-1)(x-3)(x-5)$이므로

$f(11)=10\times8\times6=480$

3 삼차방정식의 근과 계수의 관계에 의하여

$\alpha+\beta+\gamma=2, \alpha\beta+\beta\gamma+\gamma\alpha=3, \alpha\beta\gamma=-5$

$\therefore \dfrac{1}{\alpha\beta}+\dfrac{1}{\beta\gamma}+\dfrac{1}{\gamma\alpha}=\dfrac{\alpha+\beta+\gamma}{\alpha\beta\gamma}=-\dfrac{2}{5}$

4 $(2x-i)(1-3i)=3+yi$에서

$(2x-3)+(-6x-1)i=3+yi$이므로

$2x-3=3, -6x-1=y$

따라서 $x=3, y=-19$이므로

$x+y=-16$

5 주어진 방정식에 $x=-3$을 대입하면

$9-3(k-1)+6=0$, $18-3k=0$ $\therefore k=6$

즉, $x^2+5x+6=0$이므로

$(x+2)(x+3)=0$ $\therefore x=-2$ 또는 $x=-3$

따라서 다른 한 근은 -2이므로 $\alpha=-2$

$\therefore k+2\alpha=2$

6 $ax^2-x-1=bx+1$에서 $ax^2-(b+1)x-2=0$

이 방정식의 두 근이 -1, 4이므로

$ax^2-(b+1)x-2=a(x+1)(x-4)$

즉, $ax^2-(b+1)x-2=ax^2-3ax-4a$이므로

$b+1=3a$, $-2=-4a$ $\therefore a=\dfrac{1}{2}$, $b=\dfrac{1}{2}$

$\therefore a+b=\dfrac{1}{2}+\dfrac{1}{2}=1$

7 해기 $2\leq x\leq 3$이고 x^2의 계수가 1인 이차부등식은

$(x+2)(x-3)\leq 0$ $\therefore x^2-x-6\leq 0$ ...... ㉠

㉠이 $x^2-ax+b\leq 0$과 일치하므로 $a=1$, $b=-6$

$\therefore a+b=-5$

8 두 점 $\mathrm{A}(0,3)$, $\mathrm{B}(4,0)$을 지나는 직선의 방정식은

$\dfrac{x}{4}+\dfrac{y}{3}=1$ $\therefore 3x+4y-12=0$

$\mathrm{P}(5,4)$와 직선 $3x+4y-12=0$ 사이의 거리는

$\dfrac{|15+16-12|}{\sqrt{3^2+4^2}}=\dfrac{19}{5}$ (km)

9 문화센터의 강좌를 집합으로 나타내면

{수영, 비즈 공예, 영어 회화, 밸리 댄스, 통기타, 댄스 스포츠}

이때 토요일 강좌를 적어도 하나 신청하는 방법은 전체 부분집합 중에서 {수영, 비즈 공예, 밸리 댄스, 댄스 스포츠}의 부분집합을 제외하면 된다.

따라서 구하는 방법의 수는 $2^6-2^4=64-16=48$

10 선분 AB를 $1:3$으로 내분하는 점 P의 y의 좌표가 0이므로

$\dfrac{1\times a+3\times(-2)}{1+3}=0$, $a-6=0$ $\therefore a=6$

11 함수 $y=\dfrac{k}{x}$의 그래프를 x축의 방향으로 -3만큼, y축의 방향으로 2만큼 평행이동하면

$y-2=\dfrac{k}{x+3}$ $\therefore y=\dfrac{k}{x+3}+2$

이 그래프가 점 $(-2,4)$를 지나므로

$4=k+2$ $\therefore k=2$

12 주어진 명제의 대우는 'n이 자연수일 때, n이 홀수이면 n^2도 홀수이다.'이다.

n이 $\boxed{\text{(가) 홀수}}$이면 $n=2k+1$ (k는 음이 아닌 정수)

로 나타낼 수 있으므로

$n^2=(2k+1)^2=2(\boxed{\text{(나) }2k^2+2k})+1$

이때 $\boxed{\text{(나) }2k^2+2k}$는 음이 아닌 정수이므로 n^2은 $\boxed{\text{(가) 홀수}}$

이다.

따라서 주어진 명제의 대우가 $\boxed{\text{(다) 참}}$이므로 주어진 명제는 참이다.

13 A 공정에서 포장에 사용된 초콜릿의 개수는

$x\times x\times 3=3x^2$

B 공정에서 포장에 사용된 초콜릿의 개수는

$(x-1)\times(x-2)\times 3+(x-1)\times a+b$

$=3(x-1)(x-2)+a(x-1)+b$

두 공정을 거쳐 포장에 사용된 초콜릿의 개수는 같으므로

$3x^2=3(x-1)(x-2)+a(x-1)+b$

$\qquad =3x^2+(a-9)x-a+b+6$

양변의 계수를 비교하면

$a-9=0$, $-a+b+6=0$

두 식을 연립하여 풀면 $a=9$, $b=3$

$\therefore ab=27$

14 $f(-1)=g(-1)$에서 $-a+b=6$ ...... ㉠

$f(3)=g(3)$에서 $3a+b=2$ ...... ㉡

㉠, ㉡을 연립하여 풀면 $a=-1$, $b=5$

$\therefore ab=-5$

15 $f^{-1}(-1)=2$, $f^{-1}(5)=-1$이므로

$f(2)=-1$, $f(-1)=5$

$f(2)=-1$에서 $2a+b=-1$ ...... ㉠

$f(-1)=5$에서 $-a+b=5$ ...... ㉡

㉠, ㉡을 연립하여 풀면 $a=-2$, $b=3$

$\therefore a+b=1$

16 채아 : 직선을 평행이동하면 직선의 기울기는 변하지 않는다.

하나 : 원을 평행이동하면 원의 반지름의 길이는 변하지 않는다.

따라서 변하지 않는 성질을 고른 사람은 채아, 하나이다.

17 $y=-5t^2+10t+15=-5(t-1)^2+20$

따라서 $t=1$일 때 발사된 포탄의 수면으로부터의 높이가 최대가 되고 그 높이는 20 m이다.

18 (i) 직선 $y=-x+k$가 점 $(1, 0)$을 지날 때
$$0=-1+k \qquad \therefore k=1$$

(ii) 함수 $y=\sqrt{1-x}$의 그래프와 직선 $y=-x+k$가 접할 때
$\sqrt{1-x}=-x+k$의 양변을 제곱하여 정리하면
$$1-x=x^2-2kx+k^2 \ (\because x\leq 1)$$
$$x^2-(2k-1)x+k^2-1=0$$
이 이차방정식의 판별식을 D라 하면
$$(2k-1)^2-4(k^2-1)=0$$
$$-4k+5=0 \qquad \therefore k=\frac{5}{4}$$

(i), (ii)에서 $1\leq k<\frac{5}{4}$

19 모음 a, i, o 중에서 2개를 뽑는 경우의 수는 $_3C_2=3$
자음 c, t, n 중에서 2개를 뽑는 경우의 수는 $_3C_2=3$
모음 2개를 하나로 생각하고 3개를 일렬로 배열하는 경우의 수는 $3!=6$
모음 2개가 자리를 바꾸는 경우의 수는 $2!=2$
따라서 구하는 경우의 수는
$$3\times 3\times 6\times 2=108$$

서답형 1 (1) $\begin{cases} x+y=5 & \cdots\cdots\ \bigcirc \\ x^2+y^2=17 & \cdots\cdots\ \bigcirc \end{cases}$

(2) $\bigcirc$에서 $y=-x+5$ $\cdots\cdots\ \bigcirc$

$\bigcirc$을 $\bigcirc$에 대입하면 $2x^2-10x+8=0$
$$x^2-5x+4=0, \ (x-1)(x-4)=0$$
$$\therefore x=1 \ \text{또는} \ x=4$$
이것을 $\bigcirc$에 대입하면
$$\begin{cases} x=1 \\ y=4 \end{cases} \text{또는} \begin{cases} x=4 \\ y=1 \end{cases}$$

(3) 큰 수부터 차례로 입력해야 하므로 4, 1이다.

서답형 2 (1) 오른쪽 그림에서 원의 중심을 C라 하면 $\overline{OC}=r-3$
이므로 직각삼각형 AOC에서
$$\overline{AC}^2=\overline{OC}^2+\overline{OA}^2$$
$$r^2=(r-3)^2+9^2$$
$$6r=90 \qquad \therefore r=15$$
따라서 중심은 $(0, 12)$, 반지름의 길이는 15이다.

(2) 구하는 원의 방정식은
$$x^2+(y-12)^2=15^2$$

서답형 3 $p : |x-2|\leq 2$에서 $-2\leq x-2\leq 2, \ 0\leq x\leq 4$
따라서 $P=\{0, 1, 2, 3, 4\}$이므로 $P^C=\{5, 6\}$
$q : x^2-x\neq 0$에서 $x(x-1)\neq 0$이므로
$x\neq 0$이고 $x\neq 1$
따라서 $Q=\{2, 3, 4, 5, 6\}$이므로
$$P^C\cap Q=\{5, 6\}\cap\{2, 3, 4, 5, 6\}=\{5, 6\}$$

다른 풀이
$$P^C\cap Q=Q-P=\{5, 6\}$$

서답형 4 $\sqrt{2}$가 ㉮ 유리수 라 가정하면

$\sqrt{2}=\dfrac{q}{p}$ (단, p, q는 서로소인 자연수)로 나타낼 수 있다.

$\sqrt{2}=\dfrac{q}{p}$의 양변을 제곱하면

$2=\dfrac{q^2}{p^2}$이므로 $q^2=2p^2$ $\cdots\cdots\ \bigcirc$

즉, q^2은 ㉯ 짝수 이므로 q도 짝수이다.
$q=2k$ (k는 자연수)로 놓고
$\bigcirc$에 대입하면 $4k^2=2p^2$ $\therefore p^2=2k^2$
즉, p^2은 짝수이므로 p도 짝수이다.
이것은 p, q가 ㉰ 서로소 라는 사실에 모순이다.
따라서 $\sqrt{2}$는 무리수이다.

서답형 5 (i) 조각상에서 분수대를 거쳐 공연장에 가는 경우의 수는 $2\times 2=4$

(ii) 조각상에서 놀이터를 거쳐 공연장에 가는 경우의 수는 $3\times 2=6$

(i), (ii)는 동시에 일어날 수 없으므로 구하는 경우의 수는
$$4+6=10$$